工程勘察数字采集技术

李清波 刘振红 齐菊梅 侯清波 刘灏 裴丽娜 著

中国水利水电出版社
www.waterpub.com.cn
·北京·

内 容 提 要

本书从工程勘察信息化建设的需求出发，以 GIS、GNSS、数据库等技术为依托，研究了工程勘察数字采集技术及实现方法。全书共 8 章，包括绪论、工程勘察数字采集技术的总体框架、工程勘察数字采集关键技术、桌面管理子系统设计与实现、移动设备采集子系统设计与实现、工程勘察数字采集系统应用指南、工程应用实例以及结论与展望。

本书可供水利水电、岩土、交通等领域从事工程地质勘察工作的技术人员学习使用，也可供相关专业院校师生阅读参考。

图书在版编目（ＣＩＰ）数据

工程勘察数字采集技术 / 李清波等著. -- 北京：中国水利水电出版社，2019.6
ISBN 978-7-5170-7763-3

Ⅰ.①工… Ⅱ.①李… Ⅲ.①工程地质勘察－数据采集 Ⅳ.①P642

中国版本图书馆CIP数据核字(2019)第112000号

书　　名	**工程勘察数字采集技术** GONGCHENG KANCHA SHUZI CAIJI JISHU
作　　者	李清波　刘振红　齐菊梅　侯清波　刘灏　裴丽娜　著
出版发行	中国水利水电出版社 （北京市海淀区玉渊潭南路1号D座　100038） 网址：www. waterpub. com. cn E-mail：sales@ waterpub. com. cn 电话：(010) 68367658（营销中心）
经　　售	北京科水图书销售中心（零售） 电话：(010) 88383994、63202643、68545874 全国各地新华书店和相关出版物销售网点
排　　版	中国水利水电出版社微机排版中心
印　　刷	北京印匠彩色印刷有限公司
规　　格	184mm×260mm　16开本　11.25印张　274千字
版　　次	2019年6月第1版　2019年6月第1次印刷
印　　数	0001—1000册
定　　价	**80.00元**

前 言　　　　QIANYAN

　　工程勘察是为查明影响工程建筑物的地质因素而进行的地质调查与研究工作，是工程建设的重要组成部分。工程勘察的主要任务是查明工程区地质条件，分析评价存在的工程地质问题，提出工程处理建议，为工程建设的规划、设计、施工、运营提供可靠的地质参数及依据。全面、准确、快捷地采集和处理各类地质勘察信息，对高质量完成工程勘察工作至关重要。

　　在传统的工程勘察作业中，地质工程师通常利用地质锤、罗盘、放大镜、照相机等作业工具以及经纬仪、水准仪、全站仪、全球导航卫星系统（GNSS）等定位设备，通过连续的野外地质观测和观察，把获得的地质调查、地质测绘以及钻孔、探洞、现场测试与试验等第一手基础地质数据及其他信息记录在地形图、野外记录本或记录卡片上，形成纸质原始资料。在进行资料整理分析时，则需要查阅纸质原始资料，进而完成地质数据的人工统计分析或地质图件的人工绘制等工作。显然，这种传统的工程勘察数据信息采集与处理方式工作效率低下且容易出错，难以实现信息传递与共享。

　　20世纪80年代以来，数据库与CAD技术逐渐开始应用于工程勘察中，初步实现了地质图件制作的计算机化以及工程勘察数据储存、管理的信息化。但受限于传统的工程勘察数据信息的采集方式，无论是建立工程勘察数据库还是绘制地质CAD图件，都需要再次人工输入大量的勘察数据，难以实现工程勘察信息的高效传递和共享，且增加了二次出错的机会，远不能满足工程勘察行业由传统作业模式向内外业工作一体化以及勘察全过程信息化、数字化模式发展的需求。同时，工程勘察数据信息分散的、非动态的管理方式，也严重制约了BIM技术在工程勘察乃至岩土工程领域的全面推广与深入应用。

　　因此，实现工程勘察数据的数字化采集，同步进行工程勘察数据库建设，将表述工程勘察信息资源的"数据孤岛"转变为能够有序流动与处理的信息，使得地质工程师能够方便、快捷地完成勘察数据的后续管理、分析、应用工作，上下游相关专业技术人员能够方便、有效地使用工程勘察数据及成果，从而有力推动工程勘察内外业工作一体化、工程勘察全过程信息化以及三维协同设计的进展，意义十分重大。

地理信息技术、遥感技术、计算机软硬件技术、全球导航卫星系统、移动终端设备的日益成熟与发展，为工程勘察信息的数字化采集及处理应用一体化技术研究提供了重要支撑。近二三十年来，国内外相关单位相继开展了野外地质信息数字采集等方面的研究，取得了不少成果，但大多都存在工程勘察工作内容涉及较少、专业统计分析功能不强、与工程设计上下游专业数据交换不便、不能为三维地质建模平台直接提供数据等问题，难以满足工程勘察行业工作要求。

本书在全面、深入地分析工程勘察业务流程、数据模型、用户需求的基础上，开展了工程勘察数字采集技术研究。该技术从野外地质信息的数字化采集着手，实现了野外现场定位与地形图的实时关联，建立了工程勘察空间数据库、属性数据库，开发了工程勘察数据的采集、查询、统计、分析、计算、制图等应用功能，并为三维地质建模、岩土工程设计等勘察数据的进一步应用提供了基础支撑。目前，工程勘察数字采集技术已在黄河古贤水利枢纽工程、泾河东庄水利枢纽工程、兰州市水源地建设工程、黄河下游"十三五"防洪工程、几内亚苏瓦皮蒂水电站、宝泉景区工程等多个不同类型的工程项目中得到了广泛应用，有效地提升了勘察工作效率和勘察成果质量。

本书全面介绍了工程勘察数字采集技术的研究成果和操作应用方法。全书共分8章，第1章介绍了工程勘察任务、数据特征及野外地质信息采集技术的国内外研究现状，由李清波撰写；第2章介绍了工程勘察数字采集技术的总体框架及主要功能，由齐菊梅、刘灏、裴丽娜、侯清波撰写；第3章介绍了工程勘察数字采集的关键技术，由侯清波、裴丽娜、刘灏、齐菊梅撰写；第4章介绍了桌面管理子系统的设计及实现方法，由刘灏撰写；第5章介绍了移动设备采集子系统的设计及实现方法，由裴丽娜撰写；第6章为工程勘察数字采集系统的应用指南，由齐菊梅、刘振红撰写；第7章结合工程实例，介绍了该技术在不同工程中的应用情况，由侯清波撰写；第8章对工程勘察数字采集技术进行了总结，并结合信息技术发展趋势，对工程勘察数字采集技术进行了展望，由李清波撰写。全书由李清波、刘振红统稿。

在工程勘察数字采集技术的研究和本书的编写过程中，得到了黄河勘测规划设计有限公司教授级高级工程师戴其祥、王学潮的关心和支持，在此表示深深的敬意和最诚挚的感谢；杜朋召、罗延婷、张跃军、王耀邦等为本书的撰写提供了部分资料和图片，在此深表谢意。此外，在本书的撰写过程中，参考了大量的文献资料，在此谨向有关作者致谢。

本书紧密结合生产一线地质工程师的需求，详细介绍了工程勘察数字采集技术的关键技术、实现方法、应用指南和实际工程应用情况，相信本书的出版能对广大地质工程师、软件研发工程师以及相关领域的专家提供一些有益的借鉴和参考。

限于信息技术发展的阶段性以及作者的学识水平，书中疏漏和不足之处在所难免，恳请广大读者批评指正。

作者

2019 年 1 月

目　　录

1 绪　　论

1.1　工程勘察任务及数据

工程勘察是研究人类工程建设活动与自然地质环境相互作用和相互影响的一门地质科学，主要是应用地质学、工程地质学的原理及实践经验，查明工程地质条件，预测分析工程地质问题，选择优良的工程场址，为工程建设的规划、设计、施工和运营提供地质资料和依据，保证工程的稳定安全、经济合理和正常运用。

工程勘察的主要任务是在勘察工作过程中获取大量分散的地形地貌、地层岩性、地质构造、物理地质现象、水文地质等基础勘察数据，并对这些数据及试验成果、物探成果进行整理、数理统计和分析计算等，总结出反映岩土体的空间展布情况及物理力学性质，对存在的工程地质问题作出定性或定量评价，完成工程地质图件的编绘和工程地质勘察报告的编写，为工程建筑的设计和施工提供资料和地质依据。全面、准确、快捷地采集野外第一手资料，是保证工程勘察任务完成的基础。

在工程勘察过程中，地质工程师需要综合应用工程地质测绘、物探、勘探、原位测试及现场试验和室内试验等多种工程勘察方法和手段，不同方法和手段将产生大量不同类型的勘察数据。

（1）工程地质测绘数据。工程地质测绘是对与工程有关的地面地质体和地质现象进行的调查测量工作。工程地质测绘数据主要包括地质点坐标及高程、地貌、地层岩性、地质构造、地层及构造产状要素、物理地质现象、水文地质条件、地质现象素描图、照片、岩土样取样位置与数量等。

（2）物探数据。工程物探是以地下岩土层（或地质体）的物性差异为基础，通过仪器观测自然或人工物理场的变化，确定地下地质体的空间展布范围（大小、形状、埋深等）并测定岩土体物性参数的一种物理勘探方法。物探数据主要包括通过电法、地震法、弹性波测试法、测井法、层析成像法等物探方法取得的岩土体的物性参数。

（3）勘探数据。勘探是为进一步查明地表以下地质体的工程地质条件，取得深部地质资料数据而进行的钻探、坑槽探、探洞、探井等工作。勘探数据主要包括勘探点坐标、高程及揭露的地层岩性、岩层产状、岩芯采取率、岩层风化卸荷特征、地质构造、水文地质条件等。

（4）原位测试及现场试验和室内试验数据。原位测试及现场试验和室内试验可以取得岩土体的物理力学及地下水性质指标。原位测试数据主要包括标准贯入试验数据、圆锥动力触探数据、静力触探数据、十字板剪切试验数据、旁压试验数据、载荷试验数据、地下水位观测数据、岩土体变形监测数据等；现场试验数据主要包括水文地质试验（连通试验、抽水试验、压水试验、注水试验、渗水试验、微水试验等）数据、岩体试验（大型原位抗剪试验、变形试验、岩体应力测试等）数据等；室内试验数据主要包括岩石、土、水、建筑材料的各项物理力学性质指标。

1.2 传统工程勘察数据采集方法

在传统的工程勘察工作中，地质工程师利用地质锤、罗盘、放大镜、照相机等工具以及经纬仪、水准仪、全站仪、GNSS 等定位设备，通过连续的野外地质观测和观察，把获得的地质点、钻孔、探洞、现场测试与试验等第一手地质资料记录在地形图、野外记录本、记录卡片等纸质媒介上。受信息、软硬件、移动设备等技术的影响，传统的工程勘察数据采集维持着几十年如一日的野外记录本手写记录的工作方式。

传统的工程勘察数据采集方式决定了其必然存在以下问题：

（1）现场观察点定位与地形图缺乏实时关联，信息化程度低。

（2）信息记录受人为因素影响较大，采集的数据往往存在不规范、不标准的现象。

（3）原始数据采集、记录、整理工作量大，整体工作效率低下。

（4）数据信息基本上处于分散的、非动态的管理状态，碎片化严重，甚至成为事实上的"数据孤岛"，数据保存不便，共享性差，后期利用困难。

20 世纪 80 年代以来，计算机辅助制图技术（CAD）与数据库技术在我国工程勘察行业得到了广泛应用，初步实现了地质图件制作的计算机化以及工程勘察数据储存、管理的信息化。但受限于传统的工程勘察数据信息采集方式，无论是建立工程勘察数据库还是绘制地质 CAD 图件，都需要再次人工输入大量的勘察数据，难以实现工程勘察信息的高效传递和共享，且增加了二次出错的机会，远不能满足工程勘察行业由传统作业模式向内外业一体化、勘察全程信息化、数字化模式发展的需求。

1.3 工程勘察数据采集技术研究现状及存在问题

1.3.1 国外研究现状

20 世纪 80 年代，国外开始研究野外地质数据采集的信息化问题，以澳大利亚、加拿大、美国等的研究更为深入，但其主要侧重于地质灾害调查、区域地质调查、矿产调查等方面，相关成果也没有被引入国内。

澳大利亚地质调查局（AGSO）与澳大利亚资源工业协会共同开发了一种用于野外数据采集的手持计算机系统（FieldPad）。该系统使用带有差分功能的 GNSS 和 Newton 系统的手持计算机（PDA）作为野外数据采集硬件设备，野外露头点地形底图仍然采用纸质工作图，工作时以数字方式录入野外地质描述数据，再将数据输入到数据库进行数据检查及管理。

加拿大地质调查局（GSC）提出了国家填图计划（NATMAP），开发了基于 AutoCAD 的野外数字采集系统 Fieldlog。该系统运行于 IBM - PC 平台上，野外数据采集设备采用带有 Newton 系统的 PDA。其工作流程为在野外采用传统手工方式或采用掌上机采集地质数据，在室内传输到 NATMAP 中央数据库中进行数据管理。此外，加拿大还尝试开发了诸如基于 MiniCAD 的数据采集软件、基于 CARIS GIS 的数据输入系统、SIGE - MOM 等，但均没有 Fieldlog 影响深远。

美国的 GeoMapper 系统是基于 Windows 操作系统的野外填图工作系统，由加州大学伯克利分校开发，其最大的特点是针对不同的记录内容（如岩性、地层、构造及矿产等）开发了对应的录入按钮，提高了操作的简便性。GeoMapper 可以与 Geologger、ArcGIS 等 GIS 软件联合使用，以解决包括钻孔数据采集在内的野外地质数据采集全过程的问题。除此之外，ESRI 公司的产品 ArcPad 也因为其良好的二次开发性和强大的 GIS 功能而成为野外数据采集系统的开发平台。

欧洲的地质调查机构在野外数据采集信息化的开发与应用方面相对滞后。从 2002 年英国地质调查局主办的数字野外数据采集研讨会反映的情况看，多数与会国家如英国、德国、挪威、芬兰等，基本上是从 21 世纪初才开始野外数据采集信息化的研究，但当时未取得实质性进展。

野外地质数据采集信息化的研究在国外发展不平衡，加拿大、澳大利亚和美国起步较早、进展较快，另外一些国家如英国、德国等则相对滞后。发展中国家除中国外，南非、印度等国均处在初期阶段。纵观全球，野外地质数据采集信息化的进程还远没有结束。

1.3.2 国内研究现状

国内对以描述性信息为主的野外数据采集信息化的研究始于 20 世纪 90 年代末。经过 20 年的发展，基于 GIS 的野外地质数据采集信息化技术取得了较大进步，不同地质专业领域结合自身的需求与特点，开发了用于不同目的的野外地质数据采集系统，促进了地质调查信息化的发展。

在区域地质调查领域，中国地质调查局开发出了基于 PRB 理论的数字地质调查系统（DGSS），其中包括数字地质填图系统（RGMap）、探矿工程数据编录系统（PEData）以及相应的区域调查数据模型。数字地质填图系统主要适用于区域地质调查（比例尺为 1：2.5 万至 1：25 万）和矿产资源调查的野外地质数据采集，2007 年开始在地质矿产部门的区域调查中推广并进行了国际间的合作使用；探矿工程数据编录系统实现了探槽、浅井、坑道、钻孔等探矿工程的野外数据采集与原始地质编录，该系统规范了记录方式，也提高了定位精度和速度，满足了野外地质填图中对空间定位、文字描述、图形影像等的记录要求，完成了从地质矿产资源调查野外数据采集到地质成图、矿体圈定、品位估计等全流程的信息化。

在地质灾害调查领域，以中国地质环境监测院开发的野外采集系统为代表。该系统利用 MAPGIS 平台二次开发库，根据地质灾害数据采集系统模型，采用 Windows CE 操作系统作为野外数据采集系统的开发平台，利用 eMbedded Visual C++结合 XML 技术进行掌上机野外地质调查系统的开发，基于微软的 .Net Framework、VC++6.0 等开发工具进行野外地质调查桌面系统的开发，实现了基于移动 GIS 技术的野外地质灾害数据采集。该系统已经在陕西、云南、四川等地进行了野外调查试点和应用，目前已逐步应用于地质灾害野外数据采集过程中。

在地下水资源调查领域，以中国地质科学院水文地质环境地质研究所的地下水资源野

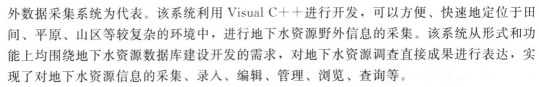

外数据采集系统为代表。该系统利用 Visual C++进行开发，可以方便、快速地定位于田间、平原、山区等较复杂的环境中，进行地下水资源野外信息的采集。该系统从形式和功能上均围绕地下水资源数据库建设开发的需求，对地下水资源调查直接成果进行表达，实现了对地下水资源信息的采集、录入、编辑、管理、浏览、查询等。

在水利水电工程勘察领域，相关技术人员在 2013 年后也陆续开发了类似的野外地质信息采集系统，如基于 Android 的便携式智能设备地质导航与地质测绘方法、基于 Windows 的野外地质信息采集系统等。

1.3.3 存在问题

从国内外开展的一系列研究和应用来看，野外地质信息的数字化采集已经受到国内外研究机构与生产单位的重视，并取得了较多的研究成果，丰富和发展了野外地质信息数字化采集的理论和方法。然而，上述国内外野外数据采集系统，基本上都是针对某一特定目标和某些特定要求而开展的研究工作，其应用在工程勘察领域均存在一些局限性，主要表现在以下几个方面：

（1）数据模型不同。现有的野外数据采集系统多偏重于区域地质调查或其他专业领域，对工程勘察基本工作内容涉及较少，许多工程地质、水文地质、地质灾害要素的识别记录等内容在系统中没有涉及，难以满足工程勘察的基本要求。

（2）空间数据转换繁琐。野外数据采集系统需基于 GIS 平台开发，工程勘察及其上下游则多采用 CAD 系统进行工程设计，现有的数据采集系统不具备 GIS 与 CAD 格式转换功能，导致野外数据采集系统与工程设计系统的地图格式转换、地图样式设置以及数据的传输、同步等操作均十分不便，且工作量很大，不利于推广应用。

（3）专业统计分析功能缺乏。现有的野外数据采集系统偏重于区域地质调查及基础地质，并不适用于工程勘察尤其是水利水电工程勘察工作，不具备工程勘察常用的统计分析、专业图件批量自动化绘制等功能，数据管理及应用功能不强。

（4）数据接口不完善。现有的野外数据采集系统所采集的数据无法为三维地质建模直接提供数据支撑。

随着信息化技术的快速发展，工程勘察行业由传统作业模式向内外业一体化、勘察全程信息化、数字化模式发展的需求越来越强烈。传统的工程勘察数据采集及处理方法已不适应当今信息时代的发展要求，而现场基础勘察数据的数字化采集技术则成为实现工程勘察全过程信息化、数字化最重要的关键技术。

1.4 本书主要内容及技术路线

本书从工程勘察的实际需求出发，以信息技术为支撑，分析了工程勘察作业流程，对勘察数据进行了分类研究，确定了采集信息的空间分类，建立了信息相关模型，研究解决了多源数据管理、空间数据转换、数字地质罗盘集成、采集标准化体系等关键技术问题，设计并实现了桌面管理子系统（桌面端）和移动设备采集子系统（移动端）的功能性能，通过数据接口设计，完成了工程勘察数据的数字化采集、处理及应用，实现了工程勘察的全程数字化。工程勘察数字采集的技术路线见图 1.4-1。

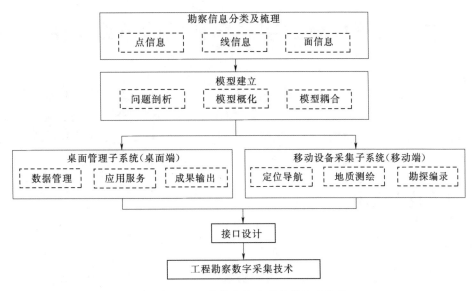

图 1.4-1 工程勘察数字采集的技术路线

2　工程勘察数字采集技术的总体框架

近年来，计算机、移动便携设备、操作系统、3S、数据库等信息技术迅猛发展。工程勘察数字采集技术基于数据库、GIS、移动 GIS、PDA、GNSS 定位等技术进行研究，在确定系统架构后，通过功能设计、关键技术研究与系统开发，实现了工程勘察数据采集、管理与应用的一体化作业。

2.1　基本技术概述

2.1.1　数据库技术

数据库技术是能有效存储大量数据并提供数据应用服务的技术，通过数据模型简化数据对象，实现对数据的有效操作。数据库技术涉及数据、数据库、数据库管理系统和数据库系统 4 个密切相关的基本概念。

（1）数据（Data）是数据库中存储的基本对象。数据的种类很多，文本、图形、图像、音频、视频以及各种格式的文档都是数据。数据作为智能化系统的核心组成部分，其种类日益多源化、多样化，数据量也急剧增加。

（2）数据库（DataBase，DB）是长期存储在计算机内、有组织的、可共享的大量数据的集合。数据库中的数据按一定的数据模型组织、描述和存储，具有较小的冗余度、较高的数据独立性和易扩展性，并可为各种用户共享，所以数据库数据具有永久存储、有组织和可共享 3 个特点。

（3）数据库管理系统（DataBase Management System，DBMS）是用来管理数据库的一种软件，介于用户和操作系统之间，所有访问数据库的请求都由 DBMS 来完成。DBMS 提供了操作数据库的许多命令，由 SQL 语言来完成。DBMS 的主要功能包括数据定义、数据组织、存储和管理、数据操纵功能、数据库的建立和维护功能以及事务管理和运行管理等。常见的关系型数据库管理系统有 Oracle、SQL Server、MySQL、DB2、Access、SQLite 等。

（4）数据库系统（DataBase System，DBS）是一个带有数据库的计算机系统，它按照数据库的方式存储和维护数据，并且能够向应用程序提供数据。一个完整的数据库系统由数据库、数据库管理系统、应用程序、用户和硬件组成。

工程勘察过程产生了大量的勘察数据，这些勘察数据内容繁多、结构复杂，包括点、线、面空间信息及其之间的拓扑关系，以及结构化的属性信息和非结构化的照片、素描图等信息。属性信息又涉及大量的文字描述及多时态的地质现象描述，具有多源、多类、多量、多维、多时态和多阶段特征。同时，工程勘察数据的每一个应用分析都涉及大量不同类型的数据，数据处理相当复杂。只有借助数据库技术才能对这些海量数据进行系统、科学的管理，并生成各种为设计、施工和决策提供依据的图、表，实现工程勘察数据的共享和重复利用，提升勘察数据的价值，满足勘察行业的生产管理工作。

2.1.2 GIS 技术

GIS 即地理信息系统（Geography Information System），又称为"地学信息系统"。它是在计算机软、硬件系统支持下，对整个或部分地球表层（包括大气层）空间中的有关地理分布数据进行采集、储存、管理、运算、分析、显示和描述的技术系统。GIS 以地理空间数据库（Geospatial Database）为依托，采用地理模型分析的方法，为地理研究和地理决策提供服务，并适时提供多种动态地理信息和空间地理信息。

地理信息系统的外观表现为计算机软件和硬件系统，其内涵却是由地理数据和计算机程序组织而成的地理空间信息模型。随着地理信息技术的发展，GIS 的应用领域已从早期的用于自动制图、设施管理和土地信息系统，逐步扩展到地质、地理、测绘、资源、土地、市政、旅游、交通、水利、农林、环保、教育、文化、国防、公安等领域，其应用水平也已从简单的机助制图、提供简单的数据检索和查询，发展到贯穿数据采集、分析、决策应用的全部过程。

在工程勘察领域，GIS 可以存储工程勘察的空间数据和属性数据，实现多源数据融合操作，根据勘察点的地理坐标对其进行管理、检索、评价、分析、结果输出等处理，具体概括为以下几个方面：

（1）数据采集与编辑。即在数据处理系统中将系统外部原始数据传输给系统内部，主要用于获取数据，保证系统数据库中的数据在内容上与空间上的完整性以及数据值的逻辑一致、无错等。

（2）数据操作。它包括数据的格式化、转换、概化。数据的格式化是指不同数据结构的数据间变换。数据转换包括格式转换（如矢量、栅格式的转换）、数据比例尺的变换、投影变换等。数据概化包括数据平滑、特征集结等。

（3）数据的存储与组织。这是一个数据继承的过程，也是建立地理信息系统数据库的关键步骤，涉及空间数据和属性数据的组织，其关键是如何将两者融合为一。

（4）空间查询与分析功能。这是地理信息系统的核心功能，地理信息系统的空间分析可分为空间检索、拓扑叠加分析和空间模拟分析 3 个不同的层次。利用空间查询和分析不但可以查询数据库系统中的各种信息，而且可以通过这些信息去揭示事物间更深刻的内在规律和特征。空间查询和分析是地理信息系统区别于一般信息系统的主要功能特征。

（5）输出功能。以报表、图形、地图等形式显示输出全部或部分数据。

2.1.3 移动 GIS 技术

移动 GIS（Mobile GIS）着重于"移动"和"GIS"的有效结合，是建立在移动计算环境、有限处理能力的智能移动通信终端条件下，提供移动的、便携的、空间分布式的地理信息服务的 GIS，以及多媒体服务的 GIS，是一个集 GIS、GNSS、移动通信（GSM/GPRS/CDMA/3G/4G/Wi-Fi 等）以及移动互联网等技术于一体的信息系统。它通过 GIS 完成空间数据管理和分析，通过 GNSS 进行定位和跟踪，利用智能移动通信终端硬件设备完成数据获取功能，借助移动通信技术完成图形、文字、声音等数据的传输。与传统 GIS 相比，移动终端用户与服务器及其他用户的交互手段更加丰富，包括定位服务、视频、语音、图像、图形、文本等。

移动 GIS 具有移动便携性、服务实时性、客户多样性、数据资源分散多样性、信息载体多样性的特点。移动地理信息系统凭借其服务便捷性的优势，进一步拓宽了 GIS 的应用领域。当前，移动 GIS 已成功地应用于国民经济的多个行业部门，如管线巡检、精细农业、林业普查、实时交通、智能物流、路政巡查、工程地质勘察等，为地理信息行业社会化服务提供了新的途径。

移动 GIS 应用开发是指以智能手机、PDA 等便携式智能通信设备作为应用开发目标平台和应用终端的开发。

长期以来，在外业勘察现场，用纸质地形图、铅笔配合着各种 GNSS 设备在地形图上标出各类采集信息是一种工作常态。基于移动 GIS 技术，工程勘察数字采集技术可将工作背景地图直接集成到系统中，调用移动设备中的 GNSS 模块，将 GNSS 模块采集的定位信息与地形图实时关联，直接在地形图中显示出地质工程师的当前位置信息，加上地质工程师在现场对周围微地貌的观察，确定出采集要素的具体坐标，并在地图中点选表示出来。这种方式，不仅可以直观采集与定位有关的各类空间信息，而且可以实现导航、路径查询等各类辅助采集功能。

2.1.4　PDA 技术

PDA 即掌上电脑（Personal Digital Assistant），是一种移动式便携计算机，内置嵌入式操作系统，集计算、管理信息于一体，通过有线或无线方式接入 Internet，具备移动性和软硬件扩充能力。通过第三方软件，PDA 可以实现数据采集、图像处理、外接 GNSS 卡导航等。

PDA 的核心是操作系统，它使 PDA 具备一定的数据分析与图形处理能力，能够实现勘察数据空间信息的显示与编辑等功能，并具有对主流 GIS 软件数据格式的输出能力。目前比较常见的 PDA 操作系统包括 Windows Mobile、Android 以及 IOS 等。

勘察现场使用的 PDA 是工程勘察数据获取的基础。PDA 最初被应用到野外数据采集工作中时，只是以数字化输入代替一部分手写内容，以简化外业到内业的数据整理流程，提高工作效率。要实现在野外高效、精准、方便地获取工程勘察信息，用于野外地质数据采集的 PDA 需要综合考虑以下特征：

（1）支持二次开发，实现行业定制功能。

（2）具有 GNSS 信号接收功能，定位精度高。

（3）内置传感器丰富。

（4）防尘、抗震、防水性能好。

（5）待机时间长，续航能力强。

（6）操作便捷。

（7）适应野外高寒、高热、高潮湿和高粉尘等各种极端的环境。

在工程勘察采集技术研究初期，比较流行的移动操作系统是 Windows Mobile。针对当时的情况，选择基于 Mobile 移动系统的开发，先后使用了 Trimble JunoSB、Trimble Juno3B 等手持数据采集设备。该类设备具有一体化设计、小巧便携、操作简捷、触摸式操作、液晶屏显示等特点，具备 GNSS 定位功能，支持 SBAS 广域差分及后处理差分功能；但是由于该设备内存配置较低，当工区背景地图较大时，需要将背景图分成多幅图使用，操作速度较慢。

随着软硬件技术的发展，Android 系统逐渐成为流行的移动操作系统。Android 系统是一款基于 Linux 的开源操作系统，采用 Android 系统的终端可以有效地降低产品成本。随着 Android 系统的不断开拓创新和升级完善，它已经成为现今移动设备操作系统领域最优秀的系统之一。Android 系统的智能机具有设备内存配置高、像素高、内置传感器丰富、通信功能更多、操作更便捷流畅等优势，且具有非常强大的扩展功能，如 GNSS、姿态传感器、重力感应等。

从安全稳定、精度、性价比等多种因素考虑，工程勘察数字采集技术依托 Android 系统的 PDA 进行嵌入式开发，实现了定位与导航、勘察信息录入、地质产状量测、照相等多功能于一体的应用。

2.1.5　GNSS 定位技术

GNSS 即全球导航卫星系统（Global Navigation Satellite System）是所有在轨工作的卫星导航定位系统的总称。GNSS 目前主要包括美国的 GPS 全球卫星定位系统、俄罗斯的 GLONASS（格洛纳斯）全球导航卫星系统、欧盟的 GALILEO（伽利略）卫星导航定位系统、中国的 BDS（北斗）卫星导航定位系统、印度的 IRNSS 区域导航卫星系统以及日本的 QZSS 准天顶卫星导航系统、美国的 WAAS 广域增强系统、欧洲的 EGNOS 静地导航重叠系统和日本的 MSAS 多功能运输卫星增强系统等。GPS、GLONASS、GALILEO、BDS 是联合国卫星导航委员会已认定的导航定位系统。

全球导航卫星系统由空间部分（卫星）、地面控制部分和用户设备部分 3 部分组成，具有全天候、高精度、自动化、高效益等显著特点，被成功应用于大地测量、工程测量、航空摄影测量、运载工具导航和管制、地壳运动监测、工程变形监测、资源勘察、地球动力学等领域，并逐步深入人们的日常生活。国内使用的定位技术主要是 GPS 定位技术与 BDS 定位技术。

（1）GPS 全球卫星定位系统。GPS 全球卫星定位系统（Global Positioning System）是由美国国防部研制建立的一种具有全方位、全天候、全时段、高精度的卫星导航系统，它利用卫星星座（通信卫星）、地面控制部分和信号接收机对对象进行动态定位的系统，能为全球用户提供低成本、高精度的三维位置、速度和精确定时等导航信息，是卫星通信技术在导航领域的应用典范，它极大地提高了地球社会的信息化水平，有力地推动了数字经济的发展。GPS 采用的是 WGS84 坐标系，民用定位精度约为 10m，导航精度为 10～20m。

GPS 系统的空间星座部分原计划由 21 颗工作卫星和 3 颗备用卫星组成，但目前实际有 31 颗卫星在轨运行，包括 12 颗 GPS II R 卫星、7 颗 GPS II R-M 卫星以及 12 颗 GPS II F 卫星，分别分布在 6 个轨道上。31 颗连续运行的卫星可覆盖全球范围，为军事方面以及民用方面提供精密授时和精确定位与导航的服务，卫星信号采用码分多址（CDMA）技术，以 $L1$（1575.42MHz）和 $L2$（1227.60MHz）双频播发，可以保证无论在世界什么地方，几乎随时都可以捕获到其中的 4 颗卫星。每颗卫星都发送两种载波信号：一种信号是民用，抗干扰能力比较差，供民用用户使用，用户可自由接收；另一种是军码，抗干扰能力比较强，供军用接收机修正电离层误差，军码采取加密手段，不能随意接收。

（2）GLONASS 卫星导航系统。GLONASS 卫星导航系统（GLObalnaya NAvigatsionnaya Sputnikovaya Sistema）开始建设于 20 世纪 70 年代，与美国的 GPS 始于同期，主要用以满足苏联军方在军事上的需求，目前由俄罗斯继承维护。GLONASS 也是由空间卫星系统（即空间部分）、地面监测与控制子系统（即地面控制部分）、用户设备（即用户接收设备）3 个基本部分组成。为保持 GLONASS 的运作，同样至少要有 24 颗卫星在轨运行，目前 GLONASS 在轨卫星有 29 颗，其中 23 颗 GLONASS - M 卫星正常运作、2 颗卫星处于技术维修中、系统备用卫星 3 颗，还有 1 颗飞行试验的 GLONASS - K 卫星，这些卫星均匀地分布在平均高度为 19100km、倾角为 64.8°的 3 个圆形轨道面上，运行周期为 11 小时 15 分。GLONASS 系统使用频分多址（FDMA）的方式，每颗卫星播放两种信号：频率分别为 $L1=1602+0.5625k$（MHz）和 $L2=1246+0.4375k$（MHz），其中 k 为 1～24，为每颗卫星的频率编号，同一颗卫星满足 $L1/L2=9/7$。定位精度可达 1m，速度误差仅为 15cm/s；采用苏联地心坐标系（PE - 90），卫星平均在轨寿命较短，没有开发民用市场。GLONASS 地面控制部分包括 1 个控制中心、1 个同步中心以及若干遥测、跟踪控制站和监测站。

（3）GALILEO 定位系统。GALILEO 定位系统（Galileo satellite navigation system）是欧盟为了打破美国在卫星定位、导航、授时市场中的垄断地位，自主、独立研制的全球多模式卫星定位导航系统，该系统提供高精度、高可靠性的定位服务，实现完全非军方控制、管理，可以进行覆盖全球的导航和定位功能，是世界上第一个基于民用的全球卫星导航定位系统。GALILEO 采用 ITRS 坐标系统。

GALILEO 系统由轨道平均高度为 23616km 的 30 颗卫星组成，包括 27 颗工作星、3 颗备份星。

GALILEO 的地面部分包括两个位于欧洲的 GALILEO 控制中心和 20 个分布在全球的 GALILEO 传感站。除此之外，还有若干个工作站用以实现卫星与控制中心的数据交换。控制中心主要负责控制卫星的运转和导航任务的管理，20 个传感器通过通信网络向控制中心传送数据。

GALILEO 系统的主要特点是多载频、多服务、多用户，在民用领域比 GPS 更经济、更透明、更开放。它除具有与 GPS 系统相同的全球导航定位功能之外，还具有全球搜寻援救功能，为此，每颗 GALILEO 卫星还装备一种援救收发器，接收来自遇险用户的求援信号，并将它转发给地面援救协调中心，后者据此组织对遇险用户的援救。与此同时，GALILEO 系统还能向遇险用户发送援救安排通报，以便遇险用户等待援救。

（4）BDS 北斗卫星导航系统。BDS 北斗卫星导航系统（BeiDou Navigation Satellite System）是我国自主研制的利用卫星信号进行定位通信的系统，能够实现授时定位及通过卫星传递短信息，具有开放性、兼容性、渐近性、保密性等特点。北斗卫星导航系统的功能基本与 GPS 处在同一水平，但目前北斗单频伪距差分定位精度与 GPS 相比仍存在较大差距，利用北斗与 GPS 进行组合定位时，模糊度解算的固定率和可靠性可以得到显著提高。当前，我国秉承"开放、自主、兼容、渐进"的建设原则，依照"三步走"发展规划稳步推进"北斗"卫星导航系统的建设，并已成功发射了 23 颗北斗导航卫星，预计于 2020 年完成全球组网。依照"三步走"发展规划，我国的北斗卫星导航定位系统分为验证系统、扩展的区域导航系统和全球导航系统 3 个发展阶段。北斗系统能够独立为全球用户提供服务，尤其是将为亚太地区提供更高质量的服务。北斗系统采用中国 2000 大地坐标系（CGCS2000），CGCS2000 属于地心大地坐标系，以 ITRF97 参考框架为基准。

短报文功能是北斗特有的、GPS 不具备的一项技术突破，GPS 只能实现终端从卫星接收位置信号的单向传递。短报文是指卫星定位终端与北斗卫星或北斗地面服务站之间能够直接通过卫星信号进行双向的信息传递，短报文信息包括汉字、数字和英文字符等。短报文意味着更有效率的信息传递，在普通移动通信信号不能覆盖的情况下（如地震灾害后通信基站遭到破坏），北斗终端可以通过短报文进行紧急通信等。短报文还能运用到地质灾害监测中，在各个监测点布局好之后通过短报文直接向中心系统传递变化资料，经过计算后用以应对突发自然灾害。基于北斗一号的地质灾害监测已应用在实际地质工作中，北斗一号/GPS 结合的系统不仅解决了野外无地面通信信号地区的定位回传及信息通信的问题，还解决了现阶段北斗定位导航技术精确度及稳定性不高的问题。

野外定位技术是工程勘察数据采集工作的基础，GNSS 具有精度高、速度快、全球性、全天候、实时性、测站间无需通视以及操作简便等优点，被广泛应用到各方面野外工作中。GNSS 与嵌入式 GIS、PDA 结合能够完成野外图形的采集，GNSS 通过串口将定位信息上传到 PDA，通过 PDA 解析成 GIS 使用的坐标并显示在 PDA 的 GIS 底图上。

2.2 系统架构

工程勘察数字采集系统采用 3 层系统架构，即数据存储层、中间服务层和应用服务层（图 2.2 - 1）。

（1）数据存储层。数据存储层主要是存储和提供系统所需处理的数据，是工程勘察数字采集技术的综合数据管理中心，负责存储基础地理、地质信息和文档等数据，各个业务应用对数据的访问需求都是通过数据服务（包括数据交换服务、数据提取服务、数据访问服务、数据字典服务）到数据中心进行处理的。

（2）中间服务层。中间服务层包括空间数据管理中间件、数据管理中间件、数据访问中间件，主要是由服务层和外部接口两部分组成。服务层主要包括 SQLite 数据引擎、ArcEngine 数据引擎和 XML 文件解析器；外部接口包括栅格图片接口、Word 接口、Excel 接口、CAD 接口和属性数据库接口。

（3）应用服务层。应用服务层主要包括客户端软件，向用户提供数据采集、数据管理、图件制作、统计分析、文档管理和系统维护等功能的应用。客户端软件可以通过空间数据管理中间件请求地理数据，在客户端完成空间数据的显示；用户通过客户端向数据访

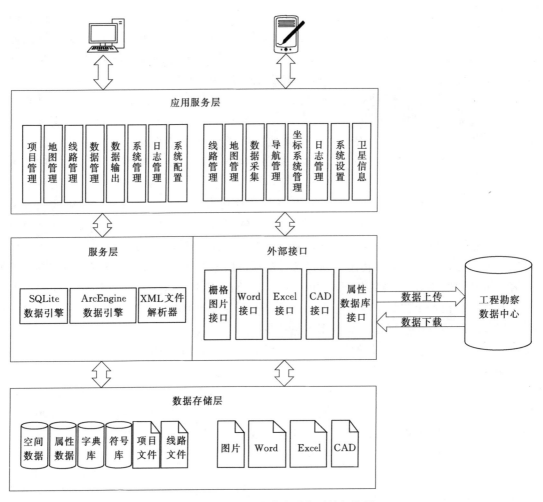

图 2.2-1 工程勘察数字采集系统架构图

问中间件提出请求，获取各类数据文件，完成数据交换的要求。

工程勘察数字采集技术的三层系统架构确保了技术实施的可维护性、可扩充性和可靠性。

2.3 总体结构及主要功能

工程勘察数字采集系统是依据勘察数据采集的需求和逻辑框架，以工程勘察业务流程为基础，在数字采集基本技术和关键技术研究的基础上研发而成。工程勘察数字采集系统由桌面管理子系统和移动设备采集子系统组成，其总体结构见图2.3-1。

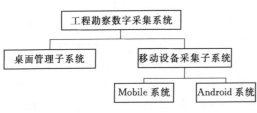

图 2.3-1 工程勘察数字采集系统总体结构图

桌面管理子系统也称桌面端，运行于 Windows 操作系统中，主要负责外业数据采集前的准备和采集完成后的数据汇总、分析、成果输出等工作。外业工作前的准备工作主要包括项目的管理建立、背景地图的导入、处理以及线路的设计等；采集完成之后的工作主要包括数据的浏览、编辑、汇总、校核和专题图、成果图、报表等的输出。

移动设备采集子系统也称移动端，可以分别安装运行在使用 Android 或 Mobile 两种操作系统的便携采集设备上，主要负责野外工程勘察数据的采集与编录，在桌面子系统形成的线路基础上，利用移动设备的 GNSS 定位功能快速定位空间位置，对工程勘察数据进行数字化采集。

桌面管理子系统和移动设备采集子系统之间通过文件传输的方式实现数据同步，共同完成工程勘察数据的勘察前地图数据准备、勘察现场数据采集、后期勘察数据的管理应用功能。

2.3.1　桌面管理子系统功能

桌面管理子系统主要负责勘察数据采集前的准备和采集完成之后的数据汇总、统计分析、报表输出、图件绘制等工作，包括项目管理、地图管理、线路管理、数据管理、数据应用、数据接口、系统管理和日志管理等功能（图 2.3 - 2）。

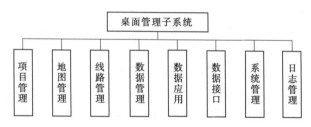

图 2.3 - 2　桌面管理子系统功能模块图

（1）地图管理：主要对项目工作用背景地图进行管理，工作用地图包括矢量地形图、早期地质图，影像地形图、地质图、卫星遥感图像等。对于 CAD 格式的矢量图件，通过系统设计的二元要素类映射池技术转换成 shp 格式，形成背景地图的矢量图层；对于 shp 格式的矢量图层，可以直接导入系统，追加为背景地图的新矢量图层；对于影像图件，可以是 JPG、PNG 等各种格式，经过系统的影像坐标配准功能后，形成带坐标信息的 tiff 格式图件，导入系统后，形成背景地图中的影像图层。背景地图中，矢量图层和影像图层可以叠加使用。

桌面管理子系统提供了地图空间参照系的设定工作，支持地理坐标系和投影坐标系。对于国内常用的高斯-克吕格投影的北京 54 坐标系、西安 80 坐标系、国家 2000 坐标系、WGS84 坐标系，不同带号的坐标设置均进行了预定义，用户可以直接选择；对于不常用的坐标系统，例如工程坐标系、国外其他投影坐标系，用户可以自定义进行设置；坐标系统的设置可以为野外勘察信息采集时 GNSS 定位导航服务。

（2）线路管理：主要有勘察任务分解、数据同步、数据汇总 3 项功能。

1）勘察任务分解：根据勘察人员分组情况对勘察任务进行分解；根据每个勘察小组的任务、工作区域不同，将背景地图分配给不同的小组，形成不同的线路文件系统。线路文件系统包括背景地图、预采集图层及其数据库文件等，每个项目可以有多条线路。

2）数据同步：主要用于桌面端和移动端数据文件间的数据交换。

3）数据汇总：将不同线路采集的勘察数据汇总到一个数据库，为数据的后期管理应用提供方便。

（3）数据管理：对项目工作用背景地图及外业采集的空间数据、结构化数据和非结构化属性数据进行查询、添加、编辑、删除等管理，实现了多源数据的融合叠加使用；提供了对点、线、面等空间图形要素的复制、分割、平滑、翻转、延伸等编辑功能；实现了空间图形与属性数据的联动查询；提供了各类勘察数据与 Word、Excel、AutoCAD 等数据文件的双向导入导出功能。

（4）数据应用：实现了勘察数据的专业统计分析、图件批量化绘制以及报表输出等功能，有效地提高了勘察数据的综合利用效率，保证了地质成果的标准化、规范化。

1）统计分析：可根据需求进行类别或空间选择统计范围，主要包括工作量、节理统计、地层分布、风化卸荷程度以及标贯、动探、压水、注水等原位测试数据的统计分析。

2）图件批量化绘制：可以批量自动生成实际材料图、地质平面图、地质剖面图以及钻孔、探洞等各类勘探点的柱状图、展示图和各类节理统计图等。所有图件可以一键转换为设计专业需要的 AutoCAD 格式。

3）报表输出：输出野外记录报告、岩土水送样单、统计指标的表单。野外记录报告含有勘察工作量、勘察点的详细信息，并将照片、素描图插入相应的位置。

（5）系统管理：包括符号库、勘察信息字典库以及二元要素类映射池的编辑和动态更新功能。符号库主要是为了让专业人员更好地理解地图要素。勘察信息字典库根据采集信息常用属性描述内容设定，由权威的专业技术人员在充分利用前人资料和遵守相关规程规范的基础上编制而成；它将采集信息中常用的、相对固定的属性描述内容分类存储，具有编辑及动态更新的功能，起到规范描述术语、提高记录质量、提高野外工作效率的作用。二元要素类映射池是 GIS 与 CAD 空间数据无损转换的核心，具有智能记忆、增量式扩充的功能。

2.3.2 移动设备采集子系统功能

移动设备采集子系统主要负责外业勘察数据的采集与编录，在桌面管理子系统形成线路的基础上，利用移动设备的 GNSS 定位与导航功能，快速定位空间位置，依据预设图层进行勘察数据的数字化采集与管理。其功能主要包括线路管理、地图管理、坐标校正、GNSS 定位与导航、数据采集、数据管理、系统设置、日志管理等（图 2.3-3）。

（1）坐标校正：移动端线路继承了桌面端提供的工程所用的空间参照系，在利用采集设备采集数据前，要通过系统先进行坐标校正以提高定位精度。针对不同的空间参照系，系统提供了基准转换（三参数、七参数）和现场坐标校正功能。

（2）GNSS 定位与导航：经过坐标校正后，系统可以将测得的用户位置以小红旗的图标显示在地图上，实现 GNSS 定位与背景地图的实时关联。对于大比例尺勘察工作，精度要求比较高，在地图当前位置的提示下，通过观察周围微地貌，利用地图选点的功能，确认勘察点位置，避免纯粹由 GNSS 定位造成的误差（重要的地质点需要进行专门的测

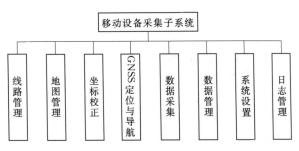

图 2.3-3　移动设备采集子系统功能模块图

量）。根据目的地信息的不同，系统提供了输入坐标导航、地图上选位置导航、列表导航和历史位置导航 4 种不同的导航方式。

（3）数据采集：数据采集是移动设备采集子系统的核心内容，是集 GNSS 定位、数字地质罗盘、数码相机为一体的智能采集系统，该系统实现了在一台智能终端上数字化采集地质测绘、勘探、原位测试与试验等勘察数据的功能。根据采集对象的属性和表关系，采用分级管理的方式，逐级采集各个对象；采集的数据内容分为空间坐标、扩展属性、相对坐标、照片、素描图等；系统通过读取配置文件来获取采集的内容及表关系、属性类型，用关系表和字段属性表来描述采集内容；根据字段类型的不同，对采集的方式进行相应的处理。

对于工程勘察中探洞、探槽、探井勘探点的编录，系统设计了相对坐标约定法和电子厘米纸法，在采集地质属性信息的同时，采集相对坐标，完成对洞井槽揭露的地质现象的空间信息采集。

利用移动设备自带的姿态传感器开发的数字地质罗盘功能，采用 Android 系统提供的函数接口获取设备状态参数，经过磁场干扰校准，计算得出地质要素的产状数据，直接传递到采集界面，并将数据数字化后存储入库，显著地提高了地质产状数据采集的效率。

在外业勘察现场，属性信息录入时采用工程勘察信息字典库技术，地质工程师通过点击"字段名"，出现与其对应的"字典可选值"。编辑数据时，遇到字典库中存在的字段系统会自动列出可选值，地质工程师勾选后即可完成对野外信息的描述；对于填空式字典库，地质工程师依据字典库补充、完善需要信息。字典库的使用在提高数字化采集工作效率的同时，保证了信息记录的标准化、规范化。

数字化采集方式替代了传统的外业人员工作必备的纸质地形图、记录本、铅笔、罗盘、GNSS、照相机、皮尺等一系列的野外作业装备，减轻了作业负担，革新了传统的工程勘察信息采集模式。

（4）数据管理：已经录入的勘察信息，可以在移动端的数据管理模块中进行补充、修改、删除等操作，同时可以实现空间信息与属性信息的关联查询。

3 工程勘察数字采集关键技术

3.1 多源数据集成技术

工程勘察过程中，地质工程师通过遥感、地质测绘、勘探、物探、室内试验、原位测试等多种方法和手段，得到了大量的、类型丰富的工程勘察信息，这些信息在来源、精度、数量等方面都存在较大的差异，导致工程勘察数据存在多源、异构、数据量大、多时空、多尺度等复杂多样性问题，主要体现在以下几个方面：

（1）工程勘察数据是多种来源的复杂数据集合，数据量大，类型多，性质不一，反映的地质内容十分广泛，数据精度相差悬殊，量纲变化大。

（2）工程勘察数据大多是离散数据，在空间上具有散乱性和不规则性。离散的数据往往反映了多种地质因素综合作用的结果，具有混合分布特征。

（3）工程勘察数据中定性的字符型数据所占比重较大。

从计算机的数据结构上看，通过各种方法、手段获得的工程勘察数据是表示地质信息的数字、字母和符号的集合，它们可以分为3类：①字符型数据，如地层名称及代号、断层名称及编号、断层规模和级别、地质描述等，此类数据量较大；②数值型数据，如地层产状、钻孔坐标和高程、地层厚度等；③图形数据，如航拍图、素描图、照片等。

多源、异构、多时空、多尺度的勘察数据只有很好地集成融合在一起，才能被地质工程师综合利用，准确分析评价工程区的地质条件；数据、集成软件及集成标准是数据集成必备的基础条件。数据是集成的对象；集成软件是可以处理空间特征、属性特征及其之间关联的通用或专题 GIS 软件，或是为数据集成专门设计的软件，它们可以实现集成的大多数操作；集成标准是进行数据集成的依据。

空间数据由于来源不同，其空间参照系及各种参数存在较大差异，若使之匹配，需经一系列的转换、一致化操作等过程；属性数据需要通过数据库进行结构化的存储与管理。

3.1.1 数据集成现状

集成是指通过结合使分散的部分形成一个整体，从逻辑上讲，数据集成指不同来源、格式、特征的地学数据逻辑上或物理上的有机集中。数据集成时要充分考虑数据的空间、时间和属性特征以及数据自身准确性。实现多源数据集成的方式主要有3种：数据格式转换模式、数据互操作模式和数据直接访问模式。

（1）数据格式转换模式。数据格式转换是最基本的空间数据集成方式，也是 GIS 系统数据集成的主要办法，它是指不同空间数据格式之间的直接转换，例如 Mapgis 的 *.wt、*.wl 格式转换为 ArcGIS 的 *.shp 数据格式，这种方式不仅会导致信息损失，而且只有在详细掌握对方数据结构的前提下才能实现。

（2）数据互操作模式。数据互操作模式是由开放地理空间信息联盟（Open

Geospatial Consortium，简称OGC）制定的数据共享规范。GIS互操作是指在异构数据库和分布计算的情况下，GIS用户在相互理解的基础上，能透明地获取所需的信息，采用空间数据交换格式标准作为中介，实现不同GIS之间的数据转换。国际标准化组织和OGC推出的GML数据格式，可以作为空间数据交换格式的标准，但这些数据格式转换标准一般都很复杂，需要投入较大资金和精力去支持和维护。

（3）数据直接访问模式。基于直接访问的数据集成是一个GIS系统直接读取多个数据源不同格式的数据，避免了数据格式转换的繁琐过程，提供了一种较为经济实用的数据互操作模式。它将GIS带入了开放式的时代，从而为空间数据集中式管理和分布存储与共享提供了操作的依据。直接访问数据的前提是要充分了解数据源的数据格式和数据模型，如果某数据源的数据不公开，直接访问其数据就比较困难。

上述3种模式各有所长，工程勘察数字采集技术在研发过程中综合实际需求、项目成本、现有资源等多方面原因，并不单一地使用某一种模式来实现多源数据的集成，而是将多种模式结合使用，实现多源数据的统一存储、管理和应用。

3.1.2 数据库设计

数据库技术是信息资源管理最有效的手段。数据库设计是指对于一个给定的应用环境，构造最优的数据库模式，建立数据库及其应用系统，有效存储数据，满足用户信息要求和处理要求。

为了实现工程勘察多源数据的集成，对工程勘察所涉及的数据进行仔细研究，依据规程规范，在勘察数据分类的基础上，进行数据库编码及表结构设计，制定详细的数据库设计方案，数据库设计流程包括需求分析、概念结构设计、逻辑结构设计、物理设计以及实施、运行、维护（图3.1-1）。

数据库设计时，在需求分析阶段综合地质工程师们的应用需求，包括存储数据和应用数据的需要，形成规范的需求调查表、需求规格书、功能需求表；在概念结构设计阶段形成独立于机器特点、独立于各个数据库管理系统产品的概念模式，用E-R图来描述。在逻辑结构设计阶段将E-R图转换成具体的数据库产品支持的数据模型（如关系模型），形成数据库逻辑模式，然后根据系统处理的要求以及安全性的考虑，在基本表的基础上再建立必要的视图，形成数据的外模式。建库过程的每一步都是对其前一步骤的检验，对于发现的错误或偏差要及时进行评估，并修正完善。对由于数据库的设计而在应用中出现的不良影响及数据误差等要进行优化、更新、完善。

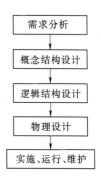

图3.1-1 数据库
设计流程图

基于工程勘察工作的流程与专业工作方法，工程勘察数据库的建设从数据分类、结构设计、数据安全、数据库平台选择几个方面进行考虑。

（1）数据分类。工程勘察数据是工程勘察分析的依据，要想全面地采集、存储和管理工程勘察的各种对象数据，必须将各种地质对象统一抽象到计算机层面，在数据库中建立全面的数据库对应关系。工程勘察涉及的数据包括工程项目数据、地质测绘数据、勘探数据、现场简易测试与试验数据、物探数据、室内试验数据等，勘察数据分类见表3.1-1。

表 3.1-1
勘 察 数 据 分 类

大 类	亚 类
工程项目数据	项目、子项目、项目人员、项目勘察信息字典库
地质测绘数据	地质点、产状、素描图、拍摄点、岩土样、水样、水文地质点、节理统计点、测绘地质界线、实测剖面
勘探数据	钻孔、探坑、探槽、探井、探洞、洛阳铲
现场简易测试与试验数据	标贯、动探、注水试验、压水试验、颗分试验
物探数据	地面物探、钻孔物探、探洞物探
室内试验数据	岩、土、水试验

（2）结构设计。工程勘察数据抽象到数据库层面，就是将对象及其属性信息分类组织到不同的数据库表中的过程。一张表描述一类对象（或对象的一组相关联的属性），表中不同的记录代表不同的对象，不同的字段用于描述对象的特定属性。工程勘察数据库中采集对象的库表层级关系见图 3.1-2。

在数据库表字段设计时，为提高数据访问效率和利用的方便性，允许一定程度的数据冗余。例如，钻孔揭露地层表需要描述项目编号、子项目、钻孔编号、层序。在进行数据的查询统计时，能够清晰地获知数据的结构和来源，降低应用系统的逻辑复杂度。

数据库主要存储工程勘察的结构化数据。照片和素描图都不作为大字段保存，而是单独设立文件夹进行存储。

（3）数据安全。数据库具有定期备份功能，特别是外业采集数据时，每半小时进行数据库文件的增量备份，系统中保留最新的 3 个数据库文件，保证数据的安全性。

在用户进行数据编辑时，记录修改日志。针对数据的安全合法性规则，在用户输入非法数据时提示警告，不予添加到数据库。

（4）数据库平台选择。为同时满足地质勘察内业、外业作业的要求，数据库必须做到网络版与本地版共存，工程勘察数据中心选择 SQLserver，本地数据库选用 SQLite。

SQLite 是一款轻型的数据库，资源占用少，体积小，遵守 ACID 的关系型数据库管理系统，不仅支持主流的操作系统，而且能够与很多程序语言相结合，适合嵌入式系统开发应用。基于 GIS 移动采集设备的外业数据采集系统选用了轻型的 SQLite 数据库，以便于数据的存储、加载、更新、导出等操作。

SQLserver 是由 Microsoft 开发和推广的关系数据库管理系统，具有很好的伸缩性，是真正的客户机/服务器体系结构，有丰富的图形化用户界面，使数据管理和数据库管理更加直观、简单。

3.1.3 CAD 与 GIS 空间数据格式转换

工程勘察专业上下游专业使用的图件大部分是 AutoCAD 格式的矢量地形图，Auto-CAD 格式的地形数据由测量生产单位完成，设计人员需要在 AutoCAD 格式的地质图上进行建筑物的布置。在工程勘察现场，勘察数据采集时需要利用 GNSS 定位功能实现定

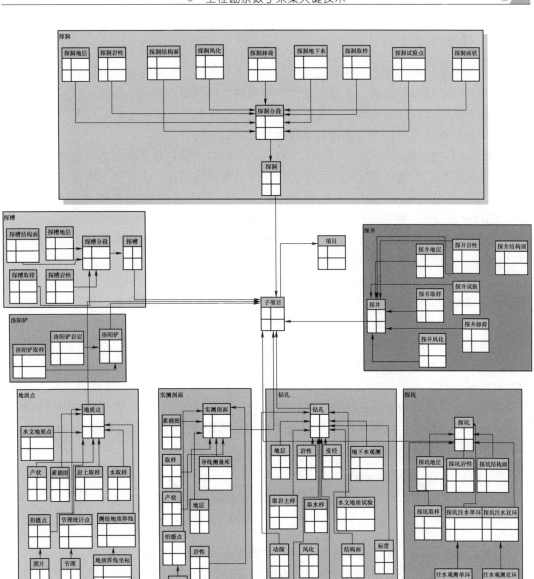

图 3.1-2 工程勘察数据库中采集对象的库表层级关系图

位与地形图的实时关联，AutoCAD 平台并不具备这项功能，需要以 GIS 平台为基础，因此在工程勘察数字采集技术研究时，必须解决 AutoCAD 向 GIS 的转化问题，适应 GNSS 野外定位需求。

通过对国内外 AutoCAD 与 GIS 数据格式转换研究现状、AutoCAD 和 GIS 数据组织格式、采集技术实际需要的转换目标等进行研究，提出了基于分层比对的二元要素类映射池技术，解决了 AutoCAD 与 GIS 空间数据格式转换的难题。二元要素类映射池可以随着项目的应用，进行自动维护扩充，详见本书第 3.2 节。

3.1.4 符号库设计

地图符号是地图的语言，是表达地图内容的主要手段，它由形状不同、大小不一、色彩有区别的图形或文字组成，能够传递地理事物的空间位置、形状、质量、数量和各事物之间的相互联系以及区域总体特征等方面的信息。GIS 中用于表达要素的地图符号根据不同要素的形状特征可以分为点状符号、线状符号、面状符号 3 种。

ArcGIS 在地图制图方面总共有 44 个符号库，内容涉及自然、社会各个方面，但是其提供的符号库在工程勘察的实际应用中仍存在 3 个方面的问题：①工程地质图需要专业的地图符号库支持，而 ArcGIS 所具有的 44 个符号库中无明确的工程地质符号库；②ArcGIS 中与工程勘察相关的地图符号和国内相关行业使用的工程勘察符号在表达方面有所差异，不利于工程地质制图的应用；③软件本身所附带的与工程勘察相关的地图符号不符合水利水电行业规范要求。

基于以上因素，在工程勘察数字采集技术实现过程中，采用 ArcGIS 设计实现了工程地质地图符号库。工程地质图符号依据《水利水电工程地质制图标准勘测图》（SL 73.3—2013）和《水利水电工程地质勘察资料整编规程》（SL 567—2012）进行绘制。

简单的工程地质地图符号可在 ArcGIS 的样式管理器中生成。复杂的地图符号利用 CorelDRAW 或其他程序绘制成 bmp 格式的图片，再导入字体库软件——FontCreator 中生成目标字体符号；最后导入 ArcGIS 中，利用 ArcMap 模块的样式管理器，在标记符号、线符号、填充符号及颜色状态下分别生成点状地图符号、线状地图符号、面状地图符号及填充颜色的设定，制作成符合规范的工程地质地图符号库（GEAS 地质 .Style）。工程地质地图符号库制作流程见图 3.1－3。

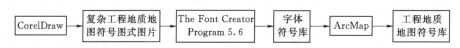

图 3.1－3　工程地质地图符号库制作流程图

（1）点状符号的生成。点状符号是不依比例尺表示的小面积地物或点状地物，其特点是图形固定，有确定的定位点和方向性；点状符号图形大多比较规则，由简单的几何图形构成。工程地质图中，点状地图符号有地质点、产状、取样点、钻孔、探洞、探坑、探槽等；其中，钻孔又可以细分为土样孔、标贯孔、静探孔、基岩孔等。

在 ArcMap 的样式管理器中，符号的来源类型共有 7 种，可根据实际情况进行选择。简单的点状工程地质地图符号可以在"符号属性编辑器"对话框中编辑生成。由于字体符号是矢量符号，具有易于控制的优势，因此复杂的点状地质图符号可采用字体符号实现。复杂的点状地质图符号可以用位图的形式（＊.bmp），在字体符号编辑器 TheFontCreatorProgram 中创建目标字体符号库（＊.ttf），同时对导入字体符号编辑器的位图进行编辑，每个符号在字体符号库中就是一个字符，所有的位图经过矢量处理后，即形成字体符号，再将目标字体符号库保存到系统字体库集（C：\ WINDOWS \ Fonts）中，最后在样式管理器中的符号属性编辑器中形成。工程地质点状符号效果见图 3.1－4。

（2）线状符号的生成。线状符号是长度依比例尺表示而宽度不依比例尺表示的符号，

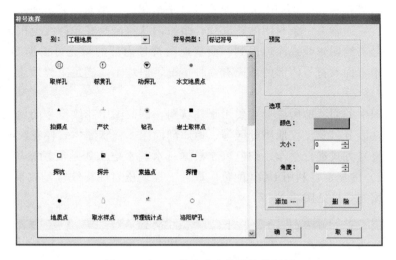

图 3.1-4 工程地质点状符号效果图

用于表示呈线状或细条带状延伸的地物，它有一条有形或无形的定位线；线状符号可进一步分解为单一特征的线状符号，即线状符号可由若干条具有单一特征的线状符号组成。线状地质地图符号既可由多层简单的线状地图符号组成，也可由多个简单的、有规律出现的点状地图符号组成。线状地质地图符号的情况有地层界线、推测地质界线、断层线、不整合线、风化界线等。

样式管理器中的线状符号类型总共有 7 种，可根据实际情况选用。线状地质地图符号可拆解成多层更为简单的符号或单层有规律出现的符号，在符号属性编辑器的 Layers 中添加所需的简单符号，经过多次调整，可获取理想的工程地质图符号。处理过程中需注意调节颜色、宽度及角度等因素，特别要注意简单的点状地图符号的出现规律。工程地质线状符号效果见图 3.1-5。

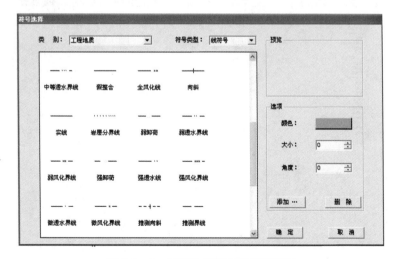

图 3.1-5 工程地质线状符号效果图

（3）面状符号及填充颜色的生成。面状符号是指在二维平面上表示面状分布物体或地质现象的符号，它通常有一条封闭的轮廓线；多数面状符号是在轮廓线范围内，通过配置不同的点状符号、绘阴影线或涂色得到。面状地图符号内部的填充可根据实际情况确定，在样式管理器中，面状符号内部的填充有 6 种情况，但均不能满足工程地质图填充符号的要求。

工程地质图中的面状地图符号主要用于柱状图、剖面图中花纹符号的填充，颜色主要用于地层、岩性区分以及工程地质分区等。地质剖面图、柱状图中岩性花纹的填充符号采用了图片填充符号方式进行制作；颜色填充根据《水利水电工程地质勘察资料整编规程》（SL 567—2012）的规定，利用 RGB 配色生成。工程地质岩性花纹符号效果见图 3.1-6，工程地质颜色填充效果见图 3.1-7。

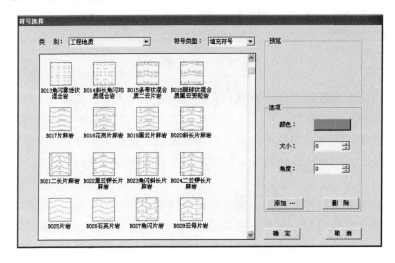

图 3.1-6　工程地质岩性花纹符号效果图

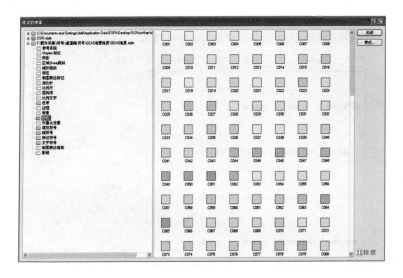

图 3.1-7　工程地质颜色填充效果图

3.1.5 空间参照系设置

统一的空间参照系是 GIS 数据的骨骼框架，是数据集成、勘察现场 GNSS 定位、数据空间分析的基础；空间参照系包括坐标系统、高程基准、地图投影、偏移参数、中央子午线、标准纬线、比例系数、长度单位等的统一设置。地理坐标系和投影坐标系是常用的两个坐标系统。

（1）地理坐标系。地理坐标系（Geographic Coordinate System）也称球面坐标，使用基于经纬度坐标描述地球上某一点所处位置的表示方法。某一个地理坐标系是基于一个基准面来定义的。基准面是利用特定椭球体对特定地区地球表面的逼近，因此每个国家或地区均有各自的基准面，其核心是不同坐标系有不同的椭球体，再利用特定的基准面进行逼近，从而描述或表示地面某点在此环境下的位置。我国常用的坐标系统有北京 54 坐标系、西安 80 坐标系、WGS84 坐标、国家 2000 坐标系。

北京 54 坐标系于 1954 年建立，其原点在苏联的普尔科沃；西安 80 坐标系于 1980 年建立，其大地原点位于陕西省泾阳县永乐镇；WGS84 坐标系即世界大地坐标系，是 1984 年由美国国防部研制确定的大地坐标（World Geodetic System），GNSS 系统采用该坐标系，其坐标原点为地球的质心；国家 2000 坐标系（CGCS2000）是我国当前最新的国家大地坐标系，是全球地心坐标系在我国的具体体现，其原点为包括海洋和大气的整个地球的质量中心。

（2）投影坐标系。投影坐标系（Projection Coordinate System）也称非地球投影坐标系或者平面直角坐标系。它使用基于 X 值、Y 值的方法来描述地球上某个点所处的位置，这个坐标值是从地球的近似椭球体投影到某个投影面上得到的，投影坐标系统下地图单位通常为米。

投影坐标系由地理坐标系和投影方法确定。地理坐标系确定椭球体及基准面；投影方法就是按照一定的数学法则，将地球椭球表面上的经纬度转换到平面上，使地面点的地理坐标与地图上相应点的平面直角坐标或平面极坐标间建立一一对应的函数关系，投影方法有高斯-克吕格投影、Mercator 投影、Lambert 投影、UTM 投影等。

我国常用的坐标系常采用 6°或 3°分带的高斯-克吕格投影。每一个分带构成一个独立的平面直角坐标网，每个投影带中，中央经线投影后的直线为 X 轴（纵轴，纬度方向）；赤道投影后为 Y 轴（横轴，经度方向），为了防止经度方向的坐标出现负值，规定每带的中央经线加 500km（向东平移 500km），由于高斯-克吕格投影每一个投影带的坐标都是对本带坐标原点的相对值，所以各带的坐标值完全相同，因此规定在横轴坐标前加上带号，如（37318980，2165593），其中 37 即为带号，同样所定义的偏移值也需要加上带号，如 37 带的偏移值为 37500000m。

工程勘察数字采集信息系统对常用的坐标系统分别进行了预定义设置，应用时可根据工程实际进行选用（图 3.1-8）。

（3）工程坐标系。在城市测量和工程建设中，若直接在国家坐标系中建立控制网，有时会使地面长度的投影变形加大，难以满足实际或工程上的需要，需要建立相应的工程坐标系。

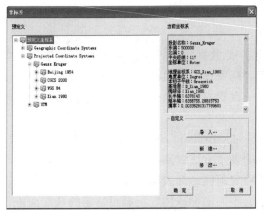　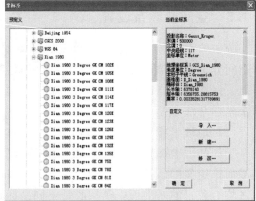

（a）预定义坐标系　　　　　　　　　（b）西安80坐标系

图 3.1-8　预定义坐标系统设置

　　确定独立坐标系的中央子午线一般有3种情况：取国家坐标系3°带的中央子午线作为它的中央子午线；当测区离3°带中央子午线较远时，应取过测区中心的经线或取过某个起算点的经线作为中央子午线；若已有的地方独立坐标系没有明确给定中央子午线，则应该根据实际情况进行分析，找出该地方独立坐标系的中央子午线。

　　针对工程坐标系，工程勘察数字采集技术中增加了坐标系统自定义功能，用户可以根据实际情况，设定符合工程实际情况的椭球参数、投影方式以及中央子午线等（图3.1-9）。

3.1.6　勘察数据集成

　　GIS是集成处理勘察数据空间特征、属性特征及其之间关联的必备条件；工程勘察数字采集技术的数据集成软件选用成熟的 ArcGIS 平台，该平台具有强大的地图制作、空间数据管理、空间分析、空间信息整合与共享的能力，并且有丰富的数据接口，满足对多源异构的勘察数据进行集成管理的要求。工程勘察数据集成流程见图3.1-10。

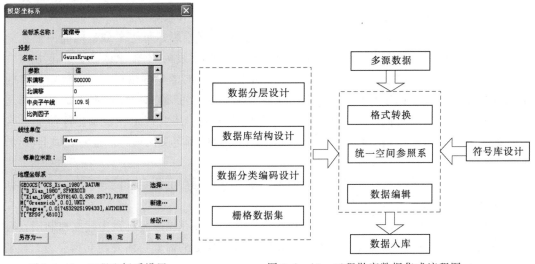

图 3.1-9　工程坐标系设置　　　　　　图 3.1-10　工程勘察数据集成流程图

3.2 空间数据交换技术

CAD 作为计算机辅助设计系统，在工程设计行业占有绝对的应用优势。CAD 主要强调自动设计制图的过程与方法，拥有丰富且精确的二维或三维图形绘制及相关几何绘制工具，主要应用于项目规划设计、设施管理与建筑/机械设计等；但是 CAD 不能建立完整的地理坐标系统和完成地理坐标投影变换，不具备地理意义上的查询和分析能力。

GIS 是地理信息系统，以数据库的形式对空间数据进行存储与管理，在图形编辑与拓扑方面遵循一定的规则，强调空间分析、逻辑运算，并能很好地应用于专题制图、适宜性评价与网络分析；GIS 中的所有数据都有严格的地理参照，即数据通过坐标系统与地球表面中的特定位置发生联系。

工程勘察信息采集需要在工程勘察现场利用 GNSS 定位功能，实现定位与地形图的实时关联，在定位的同时，录入相关的属性信息。利用 GIS 格式的空间数据架构才能实现空间数据和属性数据的有机联系，是野外采集系统研发的基本选择；同时，工程勘察需要为工程设计服务，勘察专业上下游专业使用的图件大部分是 AutoCAD 格式的矢量地形图，AutoCAD 数据与 GIS 数据在底层数据组织、结构等方面有很大的不同，两者之间的数据格式转换一直困扰着用户。工程勘察数字采集技术解决了 AutoCAD 数据与 GIS 数据的便捷转化问题，为该技术的推广应用奠定了基础。

3.2.1 数据转换现状分析

空间数据转换的内容主要包括 3 个方面的信息：空间定位信息、空间关系信息和属性数据。

（1）数据转换存在的问题。要做到 AutoCAD 数据与 GIS 数据共享是很困难的，具体表现为以下几点：

1）AutoCAD 和 GIS 在数据模型方面存在很大差异。AutoCAD 图形仅仅包含图形绘制的信息，即线宽、线型、颜色以及它所属的图层；而 GIS 数据是空间信息，考虑了相邻和其他空间关系。简而言之，AutoCAD 数据仅是图形，而 GIS 数据是空间数据库。

2）数据的组织形式差别大。AutoCAD 要素按图层来组织，这些层表示点、线、面和注记，每个图形属于某个图层，而 GIS 中的每个图层代表一种类型的要素。很多 AutoCAD 图形都包含不完全"干净"的图层，如杂散线或点，它们应属于一个图层，但经常会出现在一个毫无关系的图层上，或者在图形绘制过程中使用的冗余线或点，但它们不代表实际的要素。这些不一致在 AutoCAD 里面不是大问题，但在 GIS 里会导致数据失真甚至破坏数据库。

3）坐标系统的定义不一致。AutoCAD 图形比 GIS 数据在大比例尺地图上要精确得多，但通常使用与 GIS 不同的坐标系统。有时，AutoCAD 图形并没有坐标系统，也就是通常指的使用一种任意的、自定义的平面坐标〔原点在（0，0）〕，识别 AutoCAD 图形的坐标系统对 AutoCAD 数据完全转换到 GIS 格式是尤为重要的。

4）元数据的差异。因为 AutoCAD 数据仅仅是图形，所以往往很难知道其作者意图、

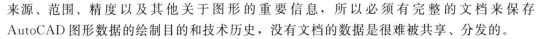

来源、范围、精度以及其他关于图形的重要信息，所以必须有完整的文档来保存 AutoCAD 图形数据的绘制目的和技术历史，没有文档的数据是很难被共享、分发的。

5）符号问题。CAD 图形使用的符号体系与 GIS 符号体系有差别，当进行数据转换后，由于符号体系不一致，会发生符号变化、异化与缺失现象。

（2）国内外数据转换研究现状。国外进行地理信息标准化研究较早，ISO 国际标准化组织在 1994 年就成立了地理信息标准化委员会，它主要是为与地理位置相关的现象或目标制定一套结构化的定义、描述和管理这些地理信息的一系列标准，而这些标准描述了管理地理信息的方法、工具和服务，例如数据的定义、描述、采集、处理、分析、访问、表示，以及如何在不同用户、不同系统、不同地区之间共享这些信息的服务和方法。1996年，OpenGIS 协会讨论研究和建立了开放性的地理数据互操作规程（Open Geodata Interoperability Specification，OGIS）。OGIS 本质就是一套公共空间数据操作函数，独立于任何平台、任何系统。其他公司的 GIS 软件只要提供一个驱动程序与该函数集对接，即可访问其他 GIS 数据了。因为 OGIS 函数集必须考虑其他 GIS，所以空间数据互操作函数不可能面面俱到，仍然可能造成信息丢失。因此，完全依靠 OGIS 实现数据的交换与共享还有很多问题需要解决。后来，许多国家和国际组织制定了空间数据共享标准，如美国国家空间数据协会制定的空间数据转换标准（SDTS）；其他国家和国际组织的标准还有澳大利亚的 ASDTS、英国的 NTF、北约的 DIGEST 等。

在我国，GIS 标准化和规范化的工作得到了国家部门的高度重视，并制定了空间数据转换标准 CNSDTF，用于对矢量数据、影像数据和数字高程模型数据等标准数据的转换格式进行规范化。针对各行业的具体情况，制定了许多地理信息相关的国家和行业标准，例如《中华人民共和国行政区划代码》（GB 2260—80）、《国土基础信息数据分类与代码》（GB/T 13923—92）、《1∶500、1∶1000、1∶2000 地形图要素分类与代码》（GB 14804—93）、《1∶5000、1∶10000、1∶25000、1∶200000 地形图要素分类与代码》（GB/T 15660—1995）等一系列标准和规范。

目前，AutoCAD 数据与 GIS 数据共享的需求日益增加，ESRI 公司的 ArcGIS Desktop 支持 AutoCAD DWG 数据的加载，并且 ArcGIS Desktop 与 dwg 版本同步更新，只要 Autodesk 公司发布了新的 dwg 版本，ESRI 公司就以补丁的方式对 GIS 软件进行更新。

Bently 公司的 MicrostationV8 更进一步深化了不同格式数据的融合，此外，加拿大 SAFE 公司的数据转换平台——FMESuite 功能更加强大，已经实现了上百种空间数据格式的转换。

（3）目前常见的转换方法。现在常见的 CAD 与 GIS 数据转换的方法多是利用 dxf 交换文件格式实现 CAD 数据与 GIS 数据的转换。例如，申胜利、李华分析了 AutoCAD 图元与 ArcGIS 图元的异同，通过建立点对照表、线对照表、注记对照表实现了 AutoCAD dxf 数据与 ArcGIS 数据转换的方法；陈能、施蓓琦介绍了批量修改 GIS 基础图形数据的方法，提出应用 GIS 数据中间件来实现 AutoCAD 数据与 GIS 数据的转换，并提出了数据转换过程中的质量控制的办法；张雪松、张友安、邓敏探讨了利用 AutoCAD 的扩展数据（XDATA）实现 AutoCAD dxf 数据与 GIS 属性数据的转换；高洪俊研究了将 AutoCAD 图形数据分层和编码的关键问题、基本图形元素的综合取舍、AutoCAD 与 GIS

基本图形元素的一一对应、拓扑关系的自动生成方面的问题；路晓峰、姜刚探讨了利用编码对照表、图层名对照表、颜色对照表实现 AutoCAD dxf 数据与 MAPGIS 数据的转换；陈年松利用 FME 通过建立语义映射实现了 AutoCAD 数据与 GIS 数据的语义转换。

3.2.2 数据转换解决方案研究

（1）AutoCAD 系统数据与 ArcGIS 空间数据特征研究。

AutoCAD 系统数据组织特征：AutoCAD 是一种通用绘图系统，系统按图层组织空间图形数据，由多种绘图实体组成，其实体采用三维坐标描述，实体间不具备拓扑描述信息。AutoCAD 也是一种矢量形式的图形处理软件，图形编辑功能很强，所处理的基本图形元素有点、线、注记等。而"块"是一种特殊的图形元素，一般由多个基本图形元素构成。AutoCAD 的图形数据输出基于一个界面，其图形元素之间没有拓扑关系，通常只具备几何位置、形状、大小及描述元素的一些基本性质（如层名、颜色、线型等）。因而 AutoCAD 不具备地理分析功能，但具有强大的图形编辑功能。AutoCAD 中符号为图形的一个部分，不同的符号可能有不同的性质。

ArcGIS 空间数据的组织特征：ArcGIS 的操作对象是空间数据，它具体描述地理实体的空间特征和属性特征。空间特征是指地理实体的空间位置、拓扑关系和几何特征；属性特征表示地理实体的名称、类型和数量等。根据地理实体的空间图形表示形式，可将空间数据抽象为点、线、面 3 类元素，它们的数据表达可以采用矢量和栅格两种组织形式。ArcGIS 空间数据主要采用空间分区、专题分层的数据组织方法，一般可分为图形、属性、注记、符号数据，其中，图形数据指地理实体的空间位置和形状，可用几何对象来描述，包括点、折线、圆、圆弧、椭圆、椭圆弧、Bezier 曲线、样条曲线等。

在 AutoCAD 中，图层是一个非常重要的概念，每一个图层一般对应于地形中的一个专题（如交通、水系、电力等），每一个图层都代表了一种不同的地物，用以区别其他地物；但 ArcGIS 的图层只能是点、线、面、文本之中的一种。

在 AutoCAD 环境中，一个块就是图形文件中的一个实体，在大多数情况下用"块"来建立点状符号库。在 ArcGIS 环境中，没有"块"的概念，但是它有丰富的点状符号库。

AutoCAD 有两种常用的数据格式，即 dwg 和 dxf。dxf 是一种专门格式的 ASCII 码文本文件，是 Autodesk 公司自己制作的一种中性数据文件交换的格式规范。这种文件的最大特点是可读性好，易于被其他程序处理，大部分 AutoCAD 系统都有它的接口，是最常用的转换格式，所以 AutoCAD 保存的也主要是这两种格式。

（2）基于二元要素类映射池技术的数据转换思路。基于以上分析，空间数据格式转换时，要保证转换的质量，就必须确定基本图形要素之间的映射关系，由此提出了二元要素类映射池技术（图 3.2-1），用以解决 AutoCAD 与 ArcGIS 格式数据互相转换的问题。

二元要素类映射池是存储 AutoCAD 要素与 ArcGIS 要素对照关系的数据库文件。

AutoCAD 图层中的线要素进入到 ArcGIS 后转换为 ArcGIS 线图层。数据格式转换时，逐个读取 AutoCAD 文件的图层，依据 AutoCAD 图层、

图 3.2-1　二元要素类映射池技术

ArcGIS 图层命名规则，设定两者之间对应的名称对照；依据 AutoCAD、ArcGIS 中的线型定义，设定两者之间对应的线型对照关系。AutoCAD 文件中的块要素进入到 ArcGIS 后转换为点图层。数据格式转换时，逐个读取 AutoCAD 文件中的块，将块名称提取出来，依据块定义的内容和 ArcGIS 中设定的符号系统，设定两者之间的符号对照关系。

将经过图层比对产生的相应的线、点等空间数据要素的对照关系存放到数据库的 CADMapping 文件中，在格式转换时，从数据库中调用相应的映射关系，实现格式转换。

根据 AutoCAD 图类型的不同，每一类图形的格式转换都会建立相应的映射关系，将新增加的映射关系增量存放到数据库的 CADMapping 中，实现对应元素智能增量化记忆；随着系统的广泛应用，映射池内映射关系更加丰富，数据的转换会更加智能便捷。

（3）二元要素类映射池。二元要素类映射池包括点要素映射池、线要素映射池、颜色映射池、图层映射池等内容，见表 3.2-1～表 3.2-4。

表 3.2-1   点 要 素 映 射 池

序号	目标点符号路径	点符号名称	块名	块文件路径	块文件名
1	\arcgis 符号库	Zk	1	D:\ARCTOCAD\PNT	Zk
2	\arcgis 符号库	Chanzhuang	2	D:\ARCTOCAD\PNT	Chanzhuang
3	\arcgis 符号库	Jltjd	3	D:\ARCTOCAD\PNT	Jltjd
4	\arcgis 符号库	Spring	4	D:\ARCTOCAD\PNT	spring
...	...	...	...	...	...

表 3.2-2   线 要 素 映 射 池

序号	目标线型路径	线型名称	cad 线型名称
1	\arcgis 符号库	Highway	Highway
2	\arcgis 符号库	Qfh	Qfh
3	\arcgis 符号库	Qifh	Qifh
4	\arcgis 符号库	Rfh	Rfh
...	...	...	...

表 3.2-3   颜 色 映 射 池

序号	AutoCAD 颜色索引	R	G	B
1	1	255	0	0
2	2	255	255	0
3	3	0	255	0
4	4	0	255	255
5	5	0	0	255
...	...	...	...	...

表 3.2-4　　　　　　　　　　　　　图层映射池

序号	AutoCAD 图层名	ArcGIS 要素类名
1	Layer1	FeatureClass1
2	Layer2	FeatureClass2
3	Layer3	FeatureClass3
...	...	...

3.2.3　转换过程设计与实现

采用二元要素类映射池技术对数据进行转换的流程主要包括：打开源数据格式、解析源数据、维护映射池、数据转换（图 3.2-2）。

（1）打开源数据：开始转换之前要指定待转换的源文件，明确其格式、版本等内容，还要明确要转成的目标数据格式。

（2）解析源数据：对要转换的文件进行解析，对每一类要素在二元要素类映射池中进行注册，包括颜色、图层等信息。

（3）维护映射池：对解析注册的要素类进行设定，对每个注册项都要编辑其完整映射关系。可以把 AutoCAD 中的块或块参考与 ArcGIS 中点、点符号库进行映射，AutoCAD 中的线型与 ArcGIS 中的线型库进行映射，AutoCAD 中的填充图案和线的组合与 ArcGIS 中的面进行映射。

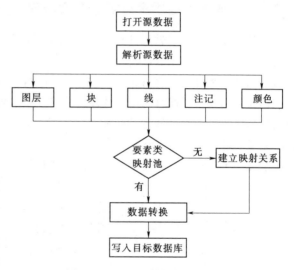

图 3.2-2　空间数据转换流程图

（4）数据转换：包括图形数据（点、线、面、文字、注记）的转换、属性数据的转换、图层的转换、图层颜色的转换等内容。

二元要素类映射池具有智能记忆、增量式扩充等功能，随着应用的增加，映射池会自我完善，要素类逐渐增加，处理方案丰富多样，积累得越丰富应用效果也越好，比其他转换方法操作更简便，且具有较强的人机交互功能。

对于收集到的其他格式的数据（如 MapGIS、SuperMap、Mapinfo、Micro-Station 等格式的数据），映射池都可以依据此思路自动进行模块拓展，建立相应的映射池模块，从而实现相关格式的互相转换，并具有智能扩充的功能。

工程勘察数字采集技术采用了二元要素类映射池技术，实现了数据平顺无损转换，在生产实践中进行应用，操作便捷、智能记忆扩充、数据转换效率高，在长线路、库区调查等项目的应用实践中，数据转换效果和效率都满足生产需要，效果良好。

3.3 数字地质罗盘集成技术

地质结构面几何特征与力学性质不同程度地影响着岩体工程的稳定性，结构面产状测量是工程勘察问题研究的基础工作，在工程勘察的野外工作中，需要进行大量的结构面产状测量。

机械式地质罗盘仪测量技术成本低、操作简单，便于携带，但测量读取误差大，测取的数值需要人工录入移动采集系统，不能有效地提高工程勘察数据采集的效率。

为克服机械式地质罗盘仪测量的局限性并减轻外业地质勘察作业负担，提高地质产状的量测效率和精度，在移动采集系统中，调用移动设备内置的方向传感器，量测地质结构面的产状（走向、倾向、倾角），并一键录入采集系统中相应的字段。

3.3.1 集成数字地质罗盘解决方案研究

随着移动手持设备软硬件技术的快速发展，移动设备的内置传感器日益丰富。Android平台支持三大类的传感器，它们分别是：动作传感器、环境传感器和位置传感器。传感器又可以分为基于硬件的传感器和基于软件的传感器。基于硬件的传感器往往是通过物理组件去实现的，它们通常是通过测量特殊环境的属性获取数据，例如重力加速度、地磁场强度或方位角度的变化。而基于软件的传感器并不依赖物理设备，尽管它们是模仿基于硬件的传感器。基于软件的传感器通常是通过一个或更多的硬件传感器获取数据，并且有时会调用虚拟传感器或人工传感器等，线性加速度传感器和重力传感器就是基于软件传感器的例子。

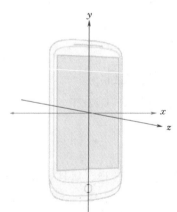

图 3.3-1 设备传感器坐标系统示意图

Android平台提供了两个传感器用于判断设备的位置，分别是地磁场传感器和方向传感器，其中方向传感器是基于软件的，并且它的数据是通过加速度传感器和磁场传感器共同获得的。Android平台已经将具体算法封装在系统内，可供直接调用。

确定一个方向需要一个三维坐标，设备传感器坐标系统见图 3.3-1。

Android平台返回的方向值就是一个长度为 3 的 float 型数组，包含 3 个方向的值。其中：z 是指向地心的方位角，x 是仰俯角（由静止状态开始前后反转），y 是翻转角（由静止状态开始左右反转）。

通过传感器获取设备的状态参数包括：方位角（Azimuth）、仰俯角（Pitch）和翻转角（Roll），方向传感器输出参数见表 3.3-1。

表 3.3-1 方向传感器输出参数表

传感器	传感器事件数据	输出参数	单位
TYPE_ORIENTATION	SensorEvent. values [0]	Azimuth	Degrees
	SensorEvent. values [1]	Pitch	
	SensorEvent. values [2]	Roll	

3.3.2　数字地质罗盘的实现

（1）传感器的定义和调用。利用内嵌于 Android 移动设备中的方向传感器，由 Android 开发包提供的传感器接口可获取移动设备方向角（移动设备绕 z 轴旋转的角度）、倾斜角（前后翻转，移动设备翘起的角度，当移动设备绕 x 轴倾斜时该值发生变化）、旋转角（左右翻转，表示手机沿着 y 轴的滚动角度），在应用程序中使用 SensorManager. getOrientation() 来获得原始数据。

DZLPActivity 类是 SensorEventListener 的子类，SensorEventlistListener 是 Android 系统中的内置类，它的主要功能是当采集设备中传感器发生变化时，接收来自传感器的输出值。给出一个定义和调用方向传感器的实例代码如下：

```
public class DZLPActivity extends Activity implements SensorEventListener{
    private SensorManager mSensorManager;//定义传感器管理器
    private Sensor mOrientation;//定义方向传感器变量
    mSensorManager=(SensorManager)getSystemService(Context. SENSOR_SERVICE);//实例化传感器管理器
    mOrientation=mSensorManager. getDefaultSensor(Sensor. TYPE_ORIENTATION);//实例化方向 传感器
}
```

（2）计算地质结构面产状。地质要素的走向、倾向、倾角通过换算直接显示在屏幕上，见式（3.3-1）～式（3.3-3），其中，a 为从方向传感器获取的方向角，r 为从方向传感器获取的旋转角，p 为从方向传感器获取的倾斜角，c 为已知的磁偏角，$azimuth$ 为方位角，$trend$ 为走向，$strike$ 为倾向，dip 为倾角，最后的结果走向、倾向在 $0°\sim360°$ 范围内，倾角在 $0°\sim90°$ 范围内。

$$azimuth=\begin{cases}a+c-360 & (a+c>360)\\ a+c & (0\leqslant a+c\leqslant360)\\ a+c+360 & (a+c<0)\end{cases} \tag{3.3-1}$$

$$\left.\begin{aligned}trend&=azimuth+90 \quad (|r|<1)\\ strike&=\begin{cases}azimuth+360 & (|r|<1,p<-90)\\ azimuth+180 & (|r|<1,-90\leqslant p<0)\\ azimuth & (|r|<1,0\leqslant p\leqslant90)\\ azimuth+180 & (|r|<1,p>90)\end{cases}\\ dip&=\begin{cases}|p| & (|r|<1,|p|\leqslant90)\\ 180-|p| & (|r|<1,|p|>90)\end{cases}\end{aligned}\right\} \tag{3.3-2}$$

$$\left.\begin{aligned}trend&=azimuth \quad (|p|<1)\\ strike&=\begin{cases}azimuth+90 & (|p|<1,r\leqslant0)\\ azimuth+270 & (|p|<1,r>0)\end{cases}\\ dip&=|r| \quad (|p|<1,r<0)\end{aligned}\right\} \tag{3.3-3}$$

（3）侦听传感器。SensorEventlistListener 提供了一个 onSensorChanged 方法，用来侦听传感器改变事件，读取来自传感器的数据并进行计算、输出。其代码如下：

```
public void onSensorChanged(SensorEventevent){
    //取出传感器返回值
    Floatazimuth=event. values[0]-11. 3f;
    Floatpitch=event. values[1];
    Floatroll=event. values[2];
    //计算地质要素的产状
    if(azimuth>360){azimuth=azimuth-360. 0f;
    }elseif(azimuth<0){azimuth=azimuth+360. 0f;}
    editTextAzimuth. setText(String. format("%. 1f",azimuth));
    editTextPitch. setText(String. format("%. 1f",pitch));
    editTextRoll. setText(String. format("%. 1f",roll));
    if(Math. abs(roll)<1. 0){
        if(pitch<0. 0f){
            trend=azimuth+90. 0f;
            strike=azimuth+180. 0f;
            dip=Math. abs(pitch);
        }elseif(pitch>0. 0f){
            trend=azimuth+90. 0f;
            strike=azimuth+0. 0f;
            dip=Math. abs(pitch);
        }
    }
    if(Math. abs(pitch)<1. 0f){
        if(roll<0){
            trend=azimuth+0. 0f;
            strike=azimuth+90. 0f;
            dip=Math. abs(roll);
        }elseif(roll>0. 0f){
            trend=azimuth+0. 0f;
            strike=azimuth+270. 0f;
            dip=Math. abs(roll);
        }
    }
    if(Math. abs(pitch)>90. 0f){
        strike=strike+180. 0f;
        dip=180-dip;}
    if(strike==180. 0f){strike=0. 0f;}
    if(dip==180. 0f){dip=0. 0f;}
    if(trend>360. 0f){trend=trend-360. 0f;}
    if(strike>360){strike=strike-360. 0f;}
    //输出地质要素的走向、倾向、倾角
    editTextTrend. setText(String. format("%. 1f",trend));//输出走向
```

```
        editTextStrike. setText(String. format("%.1f",strike));//输出
倾向
        editTextDip. setText（String. format（"%.1f",Math. abs
(dip)));//输出倾角
    }
```

数字地质罗盘产状测量实现效果见图 3.3-2。

通过移动设备自带的传感器感知设备自身状态，采用 Android 系统提供的函数接口获取设备状态参数，经过磁场干扰校准，计算得出地质要素的产状数据，传递到采集界面，直接数字化后存储入库，满足了勘察信息数字化采集的技术要求；该数字地质罗盘设备集成、操作简单、精度高、数字化直接采集入库，显著地提高了作业效率。

通过与机械式地质罗盘的对比试验，数字地质罗盘的测量结果以及各项技术指标满足生产实践的需要，测量精度优于机械式地质罗盘。

图 3.3-2　数字地质罗盘产状
测量实现效果

3.4　洞内定位技术

传统的探洞地质编录方法是利用皮尺、钢卷尺、罗盘等设备量测洞室揭露的地质对象（主要是结构面）的相对位置、延伸长度、厚度、间距等几何特征，现场在厘米纸上勾绘轮廓线，使用地质罗盘获取结构面产状信息，将相关信息记录在表格或记录本上，再通过计算机扫描矢量化现场图件。这种方法不但工作量大、效率较低，而且难以保证测量数据的准确性。

目前在移动平台上的定位模块具有多种定位方式，其中，被广泛使用的方式有集成 GNSS 定位、基于网络的定位以及网络辅助全球定位系统（A－GNSS）定位。

我国水利水电工程建设多分布在高山峡谷、偏远地带，网络基站稀疏，通信信号差，因此基于网络（基站或 Wi－Fi）和 A－GNSS 的定位方法不适用于野外地质勘察工作。GNSS 全球覆盖达到 98%，具有定位精度高、快速、省时、高效等优点，但是由于 GNSS 卫星信号容易受到遮挡而衰减，难以穿透建筑物、岩石洞壁，甚至搜索不到卫星信号，而搜索的卫星数量达不到 4 颗以上，就无法通过解算伪距得到当前位置。集成 GNSS 定位导航系统仅仅能满足工程地质勘察的地质测绘、钻孔定位等方面的定位需求，无法满足探洞内定位的要求，对探洞内地质现象的定位需要研究采用其他技术与方法。

在工程勘察数字采集技术研发初期，采用约定基线位置、引入相对坐标的方法，在洞室内根据基线位置，采集地质对象界线点相对于基线的相对坐标，人工录入移动采集系统，按照基线约定绘制展示图。经过测试，这种方法仍然没有摆脱皮尺、罗盘等设备的应用，特别对于地质对象展布复杂的现象（如弧形展布），需要量测的界线节点多，相对坐标录入慢，不能有效地提高编录效率，反而延长了在洞内工作时间，加大了安全风险。

3.4.1 洞内定位相关技术

洞内定位涉及激光测距、偏心测量以及蓝牙传输相关技术。

（1）激光测距。激光测距技术是利用激光准确测定目标的距离，主要工作原理是由光电元件接收目标反射的光信号，计时器测定光信号从发射到接收的时间，从而计算出从仪器到目标的距离；同时，某些测距仪可以利用其内置的电子罗盘，自动获取观测线的方位角以及观测线的仰角（或俯角）。手持激光测距仪具有重量轻、体积小、不受磁性干扰、操作简单等显著优点。相比较 GNSS 被动式定位，激光测距属于主动式定位。

激光测距仪可以实现测量目标的非接触式量测测得距离、方位角和仰角，通过偏心测量原理，计算得到测量目标的相对测距仪安置点的坐标信息（距离、方位角、倾角）。激光测距仪可以分为手持激光测距仪、望远镜式激光测距仪和工业激光测距仪 3 类（表 3.4-1）。

表 3.4-1 激光测距仪的分类

类 别	测量距离/m	测量精度/mm	使 用 范 围
手持激光测距仪	≤200	2	除能测量距离外，一般还能计算测量物体的体积
望远镜式激光测距仪	600~3000	0.01	野外长距离测量
工业激光测距仪	0.5~3000	50	300m 外要加设反光板，部分产品还能在测距的同时测速。主要应用于位置控制（如车辆和船舶），定位起重机，装卸和搬运设备，飞机测量（测高仪），冶金过程控制，测量不宜接近的物体（如管灌装物、管道、集装箱），以及水位测量

由表 3.4-1 可知，手持激光测距仪测量距离一般在 200m 内，精度约为 2mm，探洞中结构面大小一般在厘米至米的量级，手持激光测距仪在测量距离和精度上都可达标，且操作简单，携带方便，成本相对较低，适合在探洞结构面测量中使用，是目前使用范围最广的激光测距仪。

目前市场上常见的手持激光测距仪是瑞士的徕卡（LECIA），其以测量精度高而占领了很大一部分的市场销售份额，享有极高的声誉。最近几年，出现了短程手持式激光测距仪的新秀——德国博世（BOSCH），它虽然在短程便携式方面起步晚于徕卡，但是很多技术直逼甚至超越徕卡，且性价比极高，有动摇徕卡手持式测距仪垄断地位的趋势。此外，还有日本尼康（NIKON）、德国喜利得（HILTI）等知名品牌。目前国外主流手持式激光测距仪测程一般为 0.05~200m，精度约为 2mm，功耗也比较低，干电池可以使用 1 万次左右。国内从 20 世纪 90 年代才开始研制手持式激光测距仪，但发展十分迅速，国产的大有等品牌性价比较高，受到大众的青睐，虽然从参数指标上看是一样的，但在测量精度上与国外品牌有比较大的差距。

几种手持激光测距仪性能比较见表 3.4-2。

结合实际生产需求，除了基本的距离、面积、体积测量功能外，能测方位角并且有数据接口的只有徕卡 D810 和徕卡 S910，而 S910 价格远远高于 D810，所以洞内定位技术研究中选择 D810。

表 3.4-2   几种手持激光测距仪性能比较表

名称	精度	范围	功　能	防护等级	接口
徕卡 X310	±1mm	0.05~120m	距离、面积、体积测量	IP54	无
徕卡 D510	±1mm	0.05~200m	距离、面积、体积、坡度测量	IP65（水射流保护和防尘）	蓝牙智能
徕卡 D810	±1mm、倾角精度±0.1°	0.05~200m	距离、面积、体积、坡度、方位角测量	IP54（防尘防水花）	蓝牙智能
徕卡 S910	±1mm、倾角精度±0.1°	0.05~300m	掌上全站仪	IP54（防尘防溅水）	蓝牙、Wi-Fi、USB
博世 GLM80	±1.5mm	0.05~80m	距离、面积、体积测量	IP54	无
博世 GLM250VF	±1mm	0.05~150m	距离、面积、体积测量	IP54	无
德国喜利得 PD42	±1mm	0.05~200m	距离、面积、体积测量	IP54	无

（2）偏心测量。偏心测量是指无法在待测点放置棱镜并测出待测点坐标情况下，将棱镜放置在与待测点相关的某处间接地测定待测点的位置。反射棱镜不是放置在待测点的铅垂线上，而是安置在与待测点相关的某处，间接地测出待测点的位置。在地形数字化测绘生产实践中，由于地物形式的多样性以及地物点因种种原因不宜立尺或不通视，致使在外业采集数据时，无法直接将棱镜（或标尺）安置于目标地物的中心位置上，如电杆、水塔、烟囱及椭圆形建筑物等的中心坐标，采用偏心测量的方法来解决。

偏心测量分两种情况：其一是通视但无法在待测点放置棱镜；其二是站点与待测点不通视。对于第一种情况一般采用角度偏心，第二种情况一般采用距离偏心。工程勘察数字采集技术中应用的是角度偏心测量技术。

如图 3.4-1 所示，全站仪安置在某一已知点 A，并照准另一已知点 B 进行定向；然后将偏心点 C（棱镜）设置在待定点 P 的右侧（或左侧），并使其到测站点 A 的距离与待测点 P 到测站点的距离相当；接着对偏心点 C 进行测量，最后再照准待测点 P 方向，仪器会自动计算并显示待测点坐标。其计算公式为

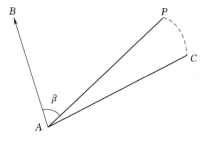

$$\left.\begin{array}{l} x_P = x_A + S\cos\alpha\cos(T_{AB}+\beta) \\ y_P = y_A + S\cos\alpha\sin(T_{AB}+\beta) \end{array}\right\} \quad (3.4-1)$$

式中：S 和 α 分别为测站点 A 到偏心点 C（棱镜）的斜距和竖直角；x_A，y_A 为已知点 A 的坐标；T_{AB} 为

图 3.4-1　角度偏心测量示意图

已知边的坐标方位角；β 为未知边 AP 与已知边 AB 的水平夹角，当未知边 AP 在已知边 AB 的右侧时，取"$-\beta$"。

显然，角度偏心测量适合于待测点与测站点通视但其上无法安置反射棱镜的情况。

式（3.4-1）中的 S 和 α 分别为测站点 A 到偏心点 C（棱镜）的斜距和竖直角，并非是测站点 A 到待测点 P 的斜距和竖直角；代替的前提是测站点 A 到待测点 P 和到偏心点 C（棱镜）的距离相当，即 $D_{AP}=D_{AC}$，若不等，将直接影响待测点的点位中误差，影响值即为偏差值 $\Delta D = D_{AC} - D_{AP}$。因此，角度偏心测量的主要误差来源于偏心点位置的

选取。

（3）蓝牙传输技术。徕卡 D810 采用蓝牙 RS－232－C 标准串口与移动端的采集系统进行数据通信连接，移动端将接收到的数据流按照规则进行解析，解析出来的数据通过数据处理模块处理出想要的结果。

RS－232－C 是美国电子工业协会 EIA（Electronic Industry Association）制定的一种串行物理接口标准。RS 是英文"推荐标准"的缩写，232 为标识号，C 表示修改次数。RS－232－C 总线标准设有 25 条信号线，包括一个主通道和一个辅助通道。在多数情况下主要使用主通道，对于一般双工通信，仅需几条信号线就可实现，如一条发送线、一条接收线及一条地线。采集系统中用到的信号线主要是发送数据和接收数据。

数据接收端是利用 Java 语言基于 Android 平台编写的串口通信程序，主要通过蓝牙适配器接口（Bluetooth Adapter）扫描、配对、连接激光测距仪，并发出连接请求，当终端收到一个连接请求后，打开连接端口，开始测量，并将测量结果以信息流的形式返回给 Android 平台采集系统，系统接收到信息流对象，通过规则解析出有用的数据（如距离、坡角、方位角），然后利用算法计算出测量点的相对坐标，并存入数据库。

3.4.2　探洞内定位设计与实现

工程勘察数字采集洞内定位技术见图 3.4－2。假设探洞（施工洞）是一个规则的长方体，以探洞底板的中轴线为基线，测距仪安置点设定在中轴线上，以中轴线的洞口位置为原点 $O(0，0，0)$，每隔 10m 标一个桩号，那么从洞口沿轴线往里标注的桩号依次是 10、20、30……

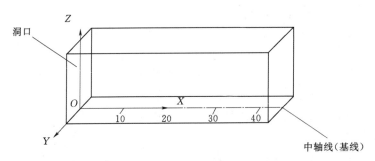

图 3.4－2　工程勘察数字采集洞内定位技术示意图

第一步，将测距仪安置在原点 O，在移动采集系统中输入测距仪安置点 O 的坐标 $(0，0，0)$，利用测距仪读取原点 O 附近的第一个地质对象节点 P_1 相对于原点 O 的距离、方位角、坡角，利用蓝牙传输技术，将测得的数据传到手持机采集系统内，相对坐标采集界面见图 3.4－3，相对坐标计算示意见图 3.4－4。依据偏心测量原理，利用式（3.4－2）即可根据已知点坐标和测得的量值间接计算出 P_1 点坐标 $(X_1，Y_1，Z_1)$，将其无缝集成到移动采集系统相对坐标的信息采集中。然后用同样的方法计算出第二个地质对象节点 $P2$、第三个地质对象节点 $P3$……

第二步，将测距仪安置在下一个桩号 10 处，同样以桩号 10 处的坐标 $(10，0，0)$ 为已知点，按照步骤一同样可以测出桩号 10 周围的地质对象节点，然后同样可以测出下一个桩号 20 处的坐标，依次往后测。

图 3.4-3　相对坐标采集界面图

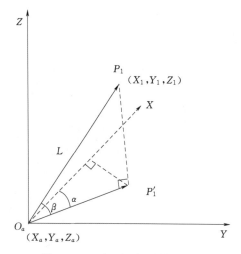

图 3.4-4　相对坐标计算示意图

$$
\left.\begin{aligned}
L\cos\beta\cos\alpha &= X_1 - X_0 \\
L\cos\beta\sin\alpha &= Y_1 - Y_0 \\
L\sin\alpha &= Z_1 - Z_0
\end{aligned}\right\} \tag{3.4-2}
$$

式中：(X_1, Y_1, Z_1) 为未知点 P_1 的坐标；L 为激光测距仪测得的 A 到 P 的距离；β 为坡角；α 为方位角。

　　手持式激光测距仪与移动采集系统的无缝集成实现了在没有 GNSS 和移动网络的极端条件下简单、快速、准确地定位与描述洞内地质现象，进而实现了工程勘察过程中地表洞内全方位一体化的数字采集。

3.4.3　非接触式产状计算

　　激光测距仪测出不在同一洞壁上的 3 个点的坐标和轴向，利用空间向量和几何投影关系模拟出结构面倾斜状态，即可计算出地质界面（结构面）的倾角、倾向和走向，实现非接触式的产状测量，计算的结果可直接用于数据采集，也可用于校核其他测量方法测得的产状。

　　结构面产状包括走向、倾向和倾角 3 个要素，实际测量过程中仅测结构面的倾角和倾向即可，走向可以通过倾向±90°计算得到。

　　（1）倾角计算。设 3 个已知测点坐标 $A(a_1, a_2, a_3)$，$B(b_1, b_2, b_3)$，$C(c_1, c_2, c_3)$，测点 A 先向面 XOY 做投影，再分别向 X 轴、Y 轴做投影，那么 θ_1 是 OA 与投影面 XOY 的夹角，φ_1 是 OA' 与 X 轴的夹角，OA'、OA''、AA' 分别是 OA 在 XYZ 方向上的分解量，即 a_1，a_2，a_3；同理测点 B 先向投影面 XOY 做投影，再向 X 轴做投影，对应的夹角分别是 θ_2，φ_2；测点 C 先向投影面 XOY 做投影，再向 X 轴做投影，对应的夹角分别是 θ_3、φ_3，不一一在图中标出。如图 3.4-5 所示，由空间几何关系可知：

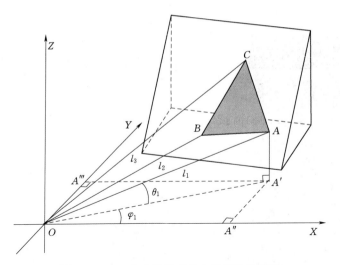

图 3.4-5　3 个点计算产状空间结构关系图

$$a_1 = l_1 |\cos\theta_1| \cos\varphi_1$$
$$a_2 = l_1 |\cos\theta_1| \sin\varphi_1 \qquad\qquad\qquad (3.4-3)$$
$$a_3 = l_1 \sin\theta_1$$

$$b_1 = l_2 |\cos\theta_2| \cos\varphi_2$$
$$b_2 = l_2 |\cos\theta_2| \sin\varphi_2 \qquad\qquad\qquad (3.4-4)$$
$$b_3 = l_2 \sin\theta_2$$

$$c_1 = l_3 |\cos\theta_3| \cos\varphi_3$$
$$c_2 = l_3 |\cos\theta_3| \sin\varphi_3 \qquad\qquad\qquad (3.4-5)$$
$$c_3 = l_3 \sin\theta_3$$

根据式（3.4-3）～式（3.4-5），求得向量

$$\overrightarrow{AB} = (b_1 - a_1, b_2 - a_2, b_3 - a_3) \qquad\qquad (3.4-6)$$

$$\overrightarrow{AC} = (c_1 - a_1, c_2 - a_2, c_3 - a_3) \qquad\qquad (3.4-7)$$

设平面 ABC 的法向量为 $\overrightarrow{n_1}$，则有

$$\overrightarrow{n_1} = \overrightarrow{AB} \times \overrightarrow{AC} = \begin{vmatrix} x & y & z \\ b_1-a_1 & b_2-a_2 & b_3-a_3 \\ c_1-a_1 & c_2-a_2 & c_3-a_3 \end{vmatrix} = (\mu, \theta, \omega) \qquad (3.4-8)$$

其中，$\mu = a_2 b_3 + a_3 b_2 + b_2 c_3 - a_3 b_2 - a_2 c_3 - b_3 c_2$，$\theta = a_3 b_1 + a_1 c_3 + b_3 c_1 - a_1 b_3 - a_3 c_1 - b_1 c_3$，$\omega = a_1 b_2 + a_2 c_1 + b_1 c_2 - a_2 b_1 - a_1 c_2 - b_2 c_1$。

设 xy 水平面的单位法向量为 $\overrightarrow{n_2} = (0, 0, 1)$，则结构面倾角为

$$\alpha = \arccos \frac{|\overrightarrow{n_1} \cdot \overrightarrow{n_2}|}{|\overrightarrow{n_1}| |\overrightarrow{n_2}|} = \arccos \frac{|\omega|}{\sqrt{\mu^2 + \theta^2 + \omega^2}}, \alpha \in [0, 90°] \qquad (3.4-9)$$

（2）倾向计算。设与结构面走向线平行的一个向量为 $\overrightarrow{n_3}$，则有

$$\overrightarrow{n_3} = \overrightarrow{n_1} \times \overrightarrow{n_2} = \begin{vmatrix} x & y & z \\ \mu & \theta & \omega \\ 0 & 0 & 1 \end{vmatrix} = (\theta, -\mu, 0) \qquad (3.4-10)$$

设在平面 ABC 上与走向线垂直的一个向量为 $\vec{n_4}$，则

$$\vec{n_4}=\vec{n_3}\times\vec{n_1}=\begin{vmatrix} x & y & z \\ \theta & -\mu & 0 \\ \mu & \theta & \omega \end{vmatrix}=(-\mu\omega,-\theta\omega,\theta^2+\mu^2) \qquad (3.4-11)$$

已知平面 ABC 法向量 $\vec{n_1}=(\mu，\theta，\omega)$，则该法向量在 xy 水平面的投影向量 $\vec{n_5}$ 为

$$\vec{n_5}=(\mu,\theta,0) \qquad (3.4-12)$$

$$\vec{n_4}\cdot\vec{n_5}=-(\theta^2+\mu^2)\omega \qquad (3.4-13)$$

当 $\mu=0$，$\theta^2=0$ 时，结构面与水平面平行；当 μ，θ 不全为 0 时，若 $\omega=0$，结构面与水平面垂直；若 $\omega>0$，$\vec{n_5}$ 即为结构面倾向的方向向量。

设 x 轴的单位向量为 $\vec{n_6}=(1，0，0)$，则倾向

$$\beta=\beta' \qquad (3.4-14)$$

其中

$$\beta'=\arccos\frac{\vec{n_5}\cdot\vec{n_6}}{|\vec{n_5}|\cdot|\vec{n_6}|}=\arccos\frac{\mu}{\sqrt{\mu^2+\theta^2}} \qquad (3.4-15)$$

当 $\theta>0$ 时，$0°<\beta'<180°$。

当 $\theta<0$ 时，$180°<\beta'<360°$。

若 $\omega<0$，$-\vec{n_5}$ 即为结构面倾向的方向向量，则倾向为 $\beta=\beta'\pm180°$，$\beta\in[0°，360°]$。

3.5　技术实现保障

3.5.1　工程勘察信息字典库

工程勘察信息字典库是根据采集项常用的描述内容编制的规范性描述术语，它起到规范描述术语、提高记录质量、提高野外工作效率的作用。工程勘察数字采集首先要在外业勘察现场完成勘察数据的数字化采集，这其中包括空间定位、属性信息的录入、素描图的绘制、拍摄图像、相对坐标量测等，而属性信息录入占很大工作量，因此，属性信息录入的快慢直接影响信息采集的工作效率。

在外业勘察现场，可通过点击"字段名"，出现与其对应的"字典可选值"，编辑数据时遇到字典库中存在的字段时，系统会自动列出可选值，由地质工程师选择即可完成对野外信息的描述。对于描述内容较多的记录，字典库也会列出基本内容，将其中需要填写数值的部分空出，尽可能地减少野外工作的工作量，在提高数字化采集工作效率的同时，又保证了成果的标准化、规范化。

初始的勘察信息字典库是由专业技术人员在充分利用前人资料和相关规程规范资料的基础上编制的通用字典库，包括野外勘察过程中所有地质体的各种常用术语。勘察信息字典库分为普通字典库和地质描述字典库：普通字典库是一级字典库，直接针对采集字段设置；地质描述字典库是二级字典库，多为填空式的内容。

普通字典库存储在数据库文件 DicData 中，主要描述一般的属性信息，如位置描述、点

性、微地貌、露头情况、风化程度、岩土名称、结构面类型等大概 60 个属性，有 300 多个可供选择的字典选项。字典内容包括字段名称和选项，一个字段对多个选项内容，如字段名为"点性"，选项也就是可选的字典内容有多项，有岩性点、界线点、地貌点、构造观测点、断层观测点、褶皱观测点、滑坡观测点等，普通勘察信息字典库编辑界面见图 3.5－1。

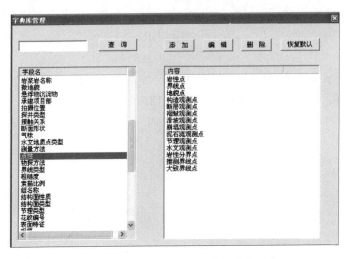

图 3.5－1　普通勘察信息字典库编辑界面

地质描述字典库存储在数据库文件 GeoDescription 中，主要描述较长文字描述信息，如岩性、地层、断层、地貌、滑坡、崩塌等 12 大类，每一大类分若干小类，针对每一小类有 1 个填空式的文字描述信息。字典内容包括一类、二类和描述，1 个一类对多个二类，1 个二类对 1 个描述，如一类为"地貌描述"，对应的二类有"河漫滩""冲积扇""阶地"等，"河漫滩"对应一个填空式描述如"……点处为河漫滩堆积物，组成物质为……块径一般……母岩成分……"，地质描述勘察信息字典库编辑界面见图 3.5－2。

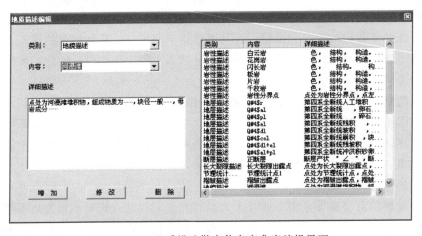

图 3.5－2　地质描述勘察信息字典库编辑界面

以数据库形式存放的勘察信息字典库，可以随时进行查询、增加、删除、编辑，增加了恢复到初始字典库的功能；在外业出工前，根据不同区域、不同项目的要求，可以对初始的字典库进行编辑，保留项目需要的内容，删除不可能用到的属性描述，并将更新的项目字典库随项目更新到移动采集子系统中。移动采集子系统字典库使用界面见图 3.5-3。

3.5.2 数字化采集标准体系

标准体系是保障技术研究、规范信息系统建设管理和运行管理的重要基础，也是信息系统和软件资源共享、系统有效开发和顺利集成、系统安全运行和平稳更新完善的重要保证。

随着信息技术的应用，工程勘察传统的工作方式已经发生改变，需要从数据格式、信息的分类编码、数据库结构、数字化的图示图例、资料提交等方面重新规范工程勘察工作。目前，工程勘察信息还没有规范统一的数据格式，不同单位、不同部门对所采集的数据采用不同的描述方法和数据格式。因此，建立完善、通用的数据格式，做到数据标准化，有利于数据的后期管理和维护，也为地质信息三维可视化提供了基本的数据支持。

图 3.5-3　移动采集子系统
字典库使用界面

工程勘察数字采集技术实现了工程勘察从数据采集、数据管理到数据应用的主流程数字化，它将工程勘察业务的工作流程与工程勘察数据库建设充分地融合在一起，形成新的工作模式。为规范和统一工程勘察数字化采集的技术和方法，确保获得的勘察数据统一、准确和可靠，减少或避免因人员不同、方法不同而造成的差异，并顺利推广应用该技术，黄河勘测设计研究院有限公司从工程勘察数字采集技术的总体需求出发，进行工程勘察业务、信息和技术的规范和标准体系框架研究，制定了《工程勘察基础信息分类与编码标准》《工程勘察基础信息资源数据库表结构与标识符标准》《工程勘察数字采集作业标准》《工程勘察数字采集工作指南》。

在标准的编制过程中遵循以下原则：

（1）规范性原则。标准的条文要用词准确、逻辑严谨，做到逻辑性强，用词切忌模棱两可，防止不同的人从不同角度对标准内容产生不同的理解。

（2）一致性原则。标准应与现有的国家标准、行业标准等保持一致，应与有关行业法规与文件相协调，避免矛盾。同时，不同部分之间应相互协调一致，专业名词和术语应保持唯一。

（3）完整性原则。标准内容应涵盖规范性要素内容，并适当选择资料性要素内容，文本的结构、文体和术语应保持统一。

（4）适用与实用性原则。标准研制工作要紧密结合信息化建设的实际需要。

（5）可扩充性原则。应结合勘察专业信息化建设不断变化、发展和完善的特点，对标准提出更新、扩展和延伸的要求，为将来技术发展提供框架和发展余地，并随着信息技术

发展和相关国家标准、行业标准的不断完善而进行充实和修订。

《工程勘察基础信息分类与编码标准》和《工程勘察基础信息资源数据库表结构与标识符标准》根据数据获取的方法，把数据分为原始数据（原始采集部分）和成果数据（综合分析部分）两大部分，对相应的空间图层、属性图层进行规定，对原始数据库和最终成果数据库进行统一编码、统一描述、统一组织、统一存储，从而使信息的获取、查询、检索、共享、整合更为方便。该标准的建立，为工程勘察内外业一体化、全程数字化、BIM技术的应用提供了规范的数据支撑。

《工程勘察数字采集作业标准》和《工程勘察数字采集工作指南》针对工程勘察数字采集作业而定，规定了工程勘察数字采集的性质、野外数据采集的内容、工作流程、技术方法、操作步骤、数据安全、成果提交与质量监控，其目的是对工程勘察过程中所用的采集手段、技术路线、采集内容、数据整理、资料提交、数据质量检查验收等过程进行指导。

这些企业标准为科学规范工程勘察数据的记录、整理和使用提供了有力保证，为工程勘察数字化工作提供了重要的技术依据和方法，为实现工程勘察行业数字采集技术的推广普及提供重要的技术支撑；同时，这些标准的建立为工程勘察业务流程、数据定义及分类编码、信息技术标准建立了一套完整的、科学的、可操作的标准体系，对类似的工程勘察信息化建设有指导作用。

4 桌面管理子系统设计与实现

4.1 概述

桌面管理子系统主要实现工程勘察数据采集前的数据准备和采集完成之后的数据汇总、统计分析、报表输出、图件绘制等功能，主要包括项目管理、地图管理、线路管理、数据管理、数据应用、系统管理等模块。

桌面管理子系统基于.Net Framework3.5框架及Visual Studio 2010环境下构建，采用独立的嵌入式GIS组件库ArcEngine集成GIS功能，C♯编程语言开发。桌面管理子系统除了具有地理信息系统的常用处理功能之外，还具有适合勘察数据管理应用的各类专用功能，实现了所有勘察数据、图形整合及全方位应用。

4.2 项目管理

工程勘察数字采集系统中的项目主要是指工程勘察阶段的工程勘察数据采集任务。项目管理主要进行工程地质勘察项目各类基本信息的构建和编辑，其基本功能模块有新建项目、项目列表、打开项目、删除项目和项目信息管理等；项目信息包括项目名称、设计阶段、规模等基本信息和工程区地层岩组序号、界、系、统、组名称等地层岩组信息。项目管理主控制界面见图4.2-1，项目基本信息与地层岩组信息界面见图4.2-2。

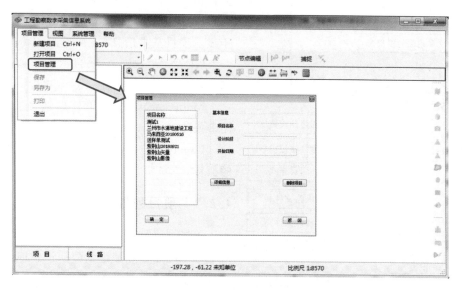

图 4.2-1 项目管理主控制界面

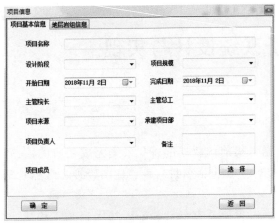

(a) 项目基本信息

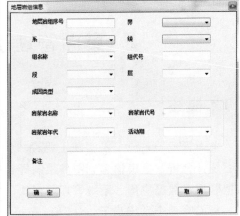

(b) 地层岩组信息

图 4.2-2 项目基本信息与地层岩组信息界面

4.2.1 新建项目

新建项目首先在工作空间下建立项目文件夹及其子文件夹目录结构，然后创建项目文件和数据库文件并写入基本信息、地层岩组信息，最后创建项目所需的预设图层、拷贝注记模板、图层样式、线路文件夹、项目照片文件夹、项目日志文件夹、分幅图文件夹等，项目创建完成后需要刷新项目列表。新建项目流程见图 4.2-3。

实现该功能主要用到的类包括 MainController、FormProjectInfo、GEASProject、MapProject 和 LayerController 等。

MainController——系统主控制类，响应主窗体事件执行主要流程。

FormProjectInfo——项目信息窗体，用于显示项目基本信息。

GEASProject——项目对象，存储项目基本信息。

MapProject——用于处理地图打开、关闭等操作。

LayerController——主要负责图层相关的操作。

4.2.2 项目列表

项目列表功能由系统自动完成，包括输入工作空间路径、输出全部项目名称两部分。项目列表模块流程见图 4.2-4。

实现该功能主要用到的类包括 Work-

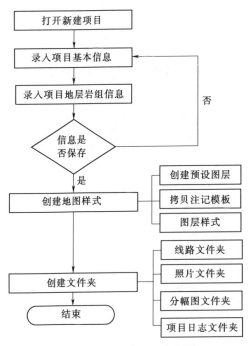

图 4.2-3 新建项目流程图

ingSpace 和 FormProjectManage。

WorkingSpace——工作空间对象，执行获取项目列表等操作。

FormProjectManage——项目管理窗体，显示项目列表，提供打开、删除、信息编辑等入口。

4.2.3 打开项目

打开项目首先要检查当前项目或线路是否已经打开，如果项目已打开，则需要关闭当前已打开的项目或线路，然后获取项目文件路径，读取项目元数据及数据库路径、字典库路径等信息，根据项目信息获取项目地图文件（mxd 文件）的路径，调用地图控件接口，打开地图。处理完成后退出项目管理界面，显示主界面。

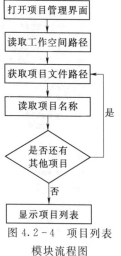

图 4.2-4　项目列表模块流程图

实现该功能主要用到的类包括 WorkingSpace、FormProject-Manage 和 MapProject，关于这几个类的说明前面已经提到，不再赘述。

4.2.4 删除项目

删除项目首先要获取项目文件路径，读取项目数据库路径；然后判断项目数据库中是否有采集要素信息，如果没有采集要素数据，则删除项目文件夹及其所属文件，如果有数据则弹出提示窗口，提示用户是否继续或取消删除操作。

实现该功能主要用到的类包括 WorkingSpace、FormProjectManage 和 GEASProject。

4.3　地图管理

项目中的地图主要是指背景地图、野外实际采集的勘察要素以及由其他相关信息生成的与位置信息相关的地图图形。背景地图作为内业数据处理和外业数据采集工作的参考，其来源主要有 AutoCAD 图、ArcGIS 数据（shp 格式）、遥感影像图以及扫描纸质图件得到的栅格图。这些空间数据需要具有统一的坐标系统，可叠加应用。

地图管理是指对这些不同来源、不同格式的地理数据进行统一管理，以满足数据浏览、成果输出的需要，主要包括地图导入、影像配准、坐标系统设置、地图浏览、图层管理、属性设置等功能。地图管理主界面见图 4.3-1。

4.3.1 地图导入

系统读取要导入的图形文件，获取到所有图形类型的名称，弹出对照表管理界面，待用户完成编辑后，根据类型名称查找对照表创建图层，并逐一读取该类型图形的坐标等信息，写入新创建的图层文件，依次循环完成全部图形和图层的创建。地图数据添加完成之后，进行坐标系统设置或转换，完成整幅地图的导入。地图导入功能流程见图 4.3-2。

（1）导入 dxf。实现该功能主要用到的类包括 DxfImport、CADMapping、PreDefine-Layer、DxfOperator、DataEditor、AnnotationDataEditor、StyleController 和 Layer-

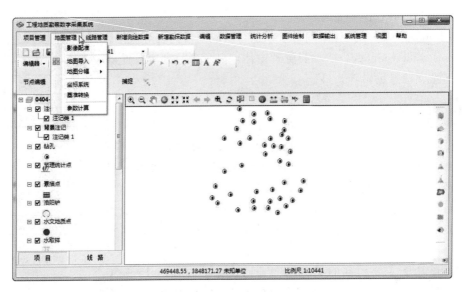

图 4.3-1　地图管理主界面

图 4.3-2　地图导入功能
流程图

StyleConfig 等。

DxfImport——执行获取图层配置、读写对照表、读取 CAD 实体等操作。

CADMapping——执行对照表数据库的读写，包括图层名称、类型（块、图层）等。

PreDefineLayer——预设图层相关操作，创建、获取预设图层。

DxfOperator——调用 dxf 操作类库，读写 dxf 文件。

DataEditor——地图要素的增、删、改、查。

AnnotationDataEditor——创建注记图层、增加、修改注记要素。

StyleController——管理图层样式、批量修改图层样式。

LayerStyleConfig——操作数据库读写图层样式配置信息。

（2）导入 shp。实现该功能主要用到的类包括 FileBrowser、FormFileCopy 和 LayerController。

FileBrowser——打开系统对话框，选择文件或文件夹，返回指定值。

FormFileCopy——复制文件对话框。

LayerController——主要负责图层相关的操作。

（3）导入影像图。实现该功能主要用到的类和接口包括 FileBrowser 和 IRasterLayer。

FileBrowser——打开系统对话框，选择文件或文件夹，返回指定值。

IRasterLayer——ArcEngine接口，用于创建或修改栅格图层。

（4）影像配准。根据用户添加的控制点坐标，调用ArcEngine的IPointCollection接口创建实例，调用IRasterGeometryProc接口完成影像配准。影像配准功能流程见图4.3-3。实现该功能主要用到的类和接口包括FormImageRectify、FormControlPoint、IRasterLayer和IRasterGeometryProc等。

FormImageRectify——影像配准主要窗体，包括添加控制点、配准等操作按钮。

FormControlPoint——控制点录入窗体。

IRasterGeometryProc——ArcEngine接口，执行影像配准等操作。

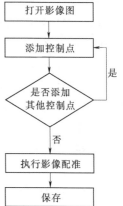

图4.3-3　影像配准功能流程图

4.3.2　坐标系统设置

根据用户输入的参数或选择，设置当前地图坐标系统为设定的坐标系统。实现该功能主要用到的类和接口包括ISpatialReferenceFactory、IProjectedCoordinateSystemEdit和IGeographicCoordinateSystemEdit等。

ISpatialReferenceFactory——ArcEngine接口，用来创建各种空间参考对象。

IProjectedCoordinateSystemEdit——投影坐标系（可编辑）对象。

IGeographicCoordinateSystemEdit——地理坐标系统（可编辑）对象。

4.3.3　地图浏览

地图浏览的用户界面由工具栏按钮、地图测量工具、鹰眼和地图上下文菜单构成。工具栏位于地图窗口上方；地图浏览工具按钮包括地图放大、地图缩小、平移、全图、固定比例放大、固定比例缩小、返回上一视图、转到下一视图、矩形框选要素、清除所选要素、选择元素、识别要素；地图测量工具按钮包括距离测量、面积测量、方位角测量；鹰眼为一矩形地图窗口，位于地图窗口右下角。

地图浏览工具和地图测量工具使用ArcEngine工具条与MapControl进行关联，系统处理过程自动完成。鹰眼和地图窗口分别有一个MapControl，地图窗口中的为主图，鹰眼中的为鸟瞰图，当主图或鸟瞰图进行平移缩放等地图更新时，根据当前地图范围更新另一个MapControl。

常用地图浏览工具使用ArcEngine自带工具（拉框放大、拉框缩小、全图显示等），自定义工具为MeasureTool和AreaLengthTool，并实现了相关方法。

（1）量算工具（MeasureTool）。该工具包括3种类型，根据指定的类型不同，分别用于量算长度、多边形面积、方位角。在窗体加载时，创建工具，并将其添加到相应的工具条（AxToolBarControl）中。

（2）查询工具（AreaLengthTool）。该工具主要用于量算面积或长度。在地图上点击要素，自动识别要素类型，显示面积或长度。在窗体加载时，创建工具，并将其添加到相应的工具条。

4.3.4　图层管理

（1）图层顺序。图层列表使用 ArcEngine 中的 TOCControl 控件，配置其属性，与 MapControl 控件进行关联，当用户拖动图层或勾选时自动完成相关处理。

（2）图层显示。图层列表中图层名称前有勾选框，勾选则显示图层，否则不显示图层。

（3）图层样式。系统根据用户在图层列表中选择的图层、设置的图层样式，在符号库中进行相应的选择并编辑，以达到设定图层样式的目的。

实现该功能主要用到的类及接口包括 LayerController、FormSymbolSelector、StyleController、LayerStyleConfig、ISimpleRenderer 等。

FormSymbolSelector——符号选择窗体，选择、预览符号或样式。

ISimpleRenderer——简单渲染器，设置图层显示样式。

（4）查看属性表。根据用户选择查看的图层名称，获取全部的字段名称，遍历图层要素，获取全部字段值，将字段值显示在属性表窗口中，查看属性表功能流程见图 4.3-4。

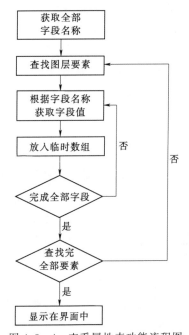

图 4.3-4　查看属性表功能流程图

（5）新建图层。获取用户界面上的图层名称、图层类型和字段信息，创建图层文件，添加字段内容，完成之后添加到当前地图中。

实现该功能主要用到的类及接口包括 LayerController、LayerDef、IFields、IFeatureWorkspace 等。

LayerDef——图层定义。

IFields——ArcEngine 接口，定义图层字段。

IFeatureWorkspace——ArcEngine 接口，要素类工作空间，可创建要素类（图层）。

（6）图层标注。图层标注功能主要用到的类及接口包括 FormAnnotationSettings、IAnnotateLayerPropertiesCollection、ILabelEngineLayerProperties2。

FormAnnotationSettings——定义表达式、标注样式等。

IAnnotateLayerPropertiesCollection——是 ArcEngine 接口，提供图层标注的设置集合。

ILabelEngineLayerProperties2——是 ArcEngine 中的标注对象接口，可以操作标注要素的多个属性和行为，如设置文本的标注位置、标注尺寸、设置脚本、文字符号等。

4.4　线路管理

线路是为完成整个项目任务而设计分解的任务，是野外数据采集的基本单位，线路中包

含的数据项与项目基本一致，主要供移动
设备采集子系统使用，也可在桌面子系统
中进行数据的录入和编辑。一个项目包含
一条或多条线路，项目与线路的结构关系
见图 4.4-1。

图 4.4-1 项目与线路的结构关系图

线路管理模块包括线路设计、数据同步和线路汇总等功能。项目与线路的存储目录结构有分属关系，两者之间还有密切的逻辑关系，一个项目的多条线路选择的背景图可能相同，但各线路采集的数据没有重叠或重复。线路管理、转换、数据汇总界面见图 4.4-2～图 4.4-4。

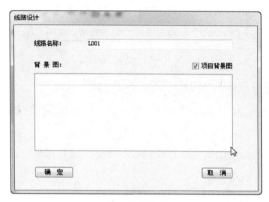

(a) 新建线路

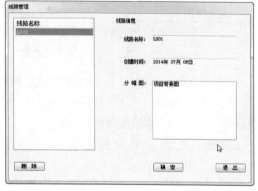

(b) 线路管理

图 4.4-2 新建线路与线路管理界面

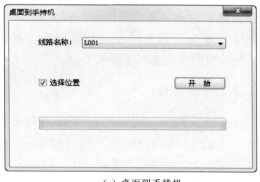

(a) 桌面到手持机

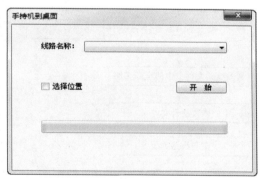

(b) 手持机到桌面

图 4.4-3 线路转换界面

4.4.1 线路设计

(1) 新建线路。本模块主要是创建线路，即进入线路设计界面后，写入线路名称，指定背景图，完成线路新建。新建线路处理流程见图 4.4-5。

实现该功能主要用到的类包括 MainController、FormNewLine、FileHelper、AnnotationDataEditor、LayerController。

FormNewLine——新建线路窗体；

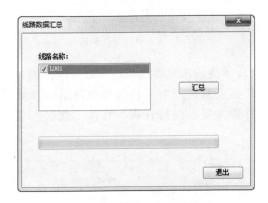

图 4.4-4　线路数据汇总界面

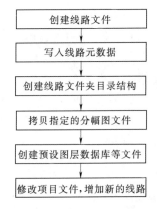

图 4.4-5　新建线路处理流程图

FileHelper——文件（夹）处理类，包括复制文件夹删除文件夹。

（2）打开线路。打开线路与打开项目处理流程完全一样，不同的是，打开线路以后系统配置中当前打开数据类型为线路。

实现该功能主要用到的类包括 MainController、FormLineManage、MapProject、StyleController、StyleConfig。

FormLineManage——线路管理窗体，显示线路列表，打开、删除线路。

（3）删除线路。系统获取界面中用户选择的线路名称。如果线路数据库中没有数据，删除线路文件夹及其中的全部数据并从项目文件中删除相关内容；如果有数据则不删除，同时弹出提示信息，备份后删除。线路删除后，还要进行修改项目文件及刷新线路列表的操作。删除线路功能流程见图 4.4-6。

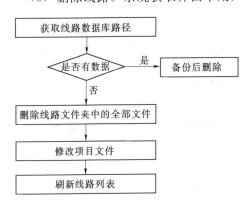

图 4.4-6　删除线路功能流程图

4.4.2　线路管理

（1）线路列表。线路列表与项目列表类似，不需要用户专门"打开"线路列表，在进行线路有关操作时会自动显示。

（2）线路汇总。点击菜单栏中的线路汇总项，进入线路管理界面，在线路列表中选择一个或多个需要汇总的线路名称，单击"线路汇总"按钮。线路汇总功能流程见图 4.4-7。

实现线路汇总功能主要用到的类包括 MainController、CsSQLiteData、MapDataReader、DataEditor、AnnotationDataEditor。

CsSQLiteData——数据库查询操作类。

MapDataReader——地图数据读取类。

DataEditor——数据编辑类，地图要素的增、删、改、查。

AnnotationDataEditor——注记编辑类，创建注记图层，增加、修改注记要素。

4.4.3　数据同步

工程勘察数字采集技术中的数据同步，主要在桌面端和移动设备之间完成。桌面端将野外采集使用的背景图层（包括地理数据、坐标设置、图层样式、标注等）、设计的线路文件、数据库中对照表信息等内容转换成移动设备可以识别使用的内容。从野外采集的勘察数据首先进入到移动设备的数据库中，再通过相关规则同步到桌面端，包括各类勘察信息的采集、素描文件的转换。由于野外工作环境中网络传输条件的限制，工程勘察数字采集信息系统中桌面端和手持机之间主要采用文件传输的数据同步

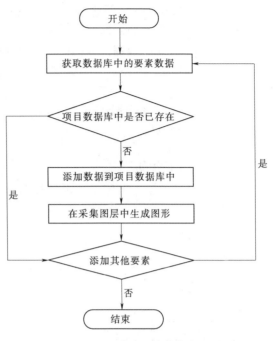

图 4.4-7　线路汇总功能流程图

方式，素描文件采集同步主要采用 XML（eXtensible Markup Language）技术提取同步数据。执行桌面端和移动设备之间的数据同步主要由以下 5 个接口完成：

SkymapOperator——Skymap 数据操作，实现 shp 转 emd、注记转标注、设置背景图样式等。

DataTransfer——数据转换类（DBDataToDefaultMap 项目），完成数据库信息到 Skymap 图层数据的转换。

DataSync——PDA 数据同步类（RAPIDataSync 项目），执行 PDA 和桌面间文件的相互传输。

SketchMap——素描文件转换类，负责将 PDA 端素描图文件转为栅格图片。

DataToFeature——数据转换类，完成数据库信息到 ShapeFile 图层数据的转换。

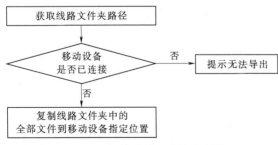

图 4.4-8　线路导出功能流程图

4.4.3.1　桌面到手持机

桌面到手持机主要是完成线路导出功能，在菜单栏中选中该项后，即进入数据同步界面。选择待导出线路后，系统获取线路数据路径，复制线路文件夹中的全部数据到移动设备中或指定目录下。如果没有安装同步软件，系统将提示无法导出。线路导出功能流程见图 4.4-8。

实现该功能主要用到的类包括 MainController、FormDataSync、PreDefineLayer、SkymapOperator、DataTransfer。

FormDataSync——数据同步窗体，执行桌面和手持机之间的数据同步操作。

SkymapOperator——Skymap 数据操作，实现 shp 转 emd、注记转标注、设置背景图样式等。

DataTransfer——数据转换类（DBDataToDefaultMap 项目），完成数据库信息到 Skymap 图层数据的转换。

4.4.3.2 手持机到桌面

手持机到桌面主要是将外业采集的数据导入到桌面端，系统获取到需要导入的线路后，在数据库中查询该条线路数据是否存在。如果数据存在，需要进行数据合并；如果数据不存在，直接将数据写入数据库中。在进行同步之前，还需要进行同步软件安装的检测，如果没有同步软件，该项操作将无法完成，线路导入功能流程见图 4.4-9。

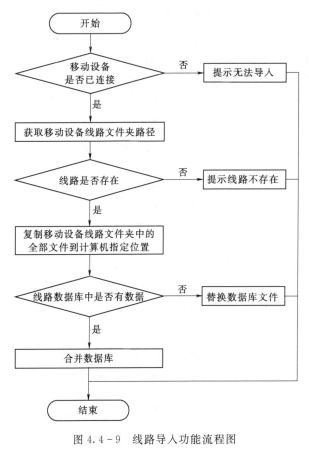

图 4.4-9 线路导入功能流程图

实现该功能主要用到的类包括 MainController、FormDataSync、DataSync、CalculateFields、SketchMap、DataToFeature。

DataSync——PDA 数据同步类（RAPIDataSync 项目），执行 PDA 和桌面间文件的相互传输。

CalculateFields——导出量计算类，计算全部导出量。

SketchMap——素描文件转换类，负责将 PDA 端素描图文件转为栅格图片。

DataToFeature——数据转换类，完成数据库信息到 ShapeFile 图层数据的转换。

4.5 数据管理

数据管理模块主要实现分类查看所有采集数据，对采集对象进行查询、添加、编辑、删除；将指定格式的数据文件（如 Excel 格式）批量导入到当前项目中，项目中的数据导出到工程勘察数据中心。

4.5.1 数据列表及编辑

数据列表主要是将采集数据分类显示，点击每一类的采集数据后可以显示出当前项目中所有数据内容，数据列表及编辑系统处理流程见图 4.5-1，数据列表界面见图 4.5-2，数据查询及编辑界面见图4.5-3。

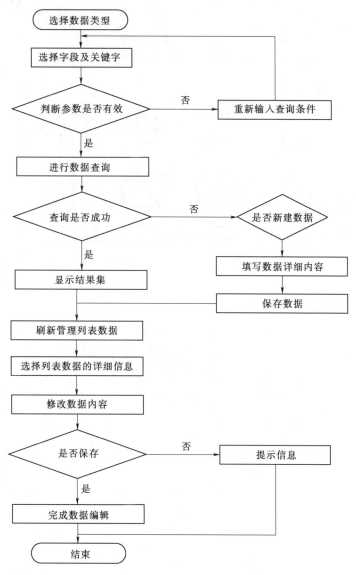

图 4.5-1 数据列表及编辑系统处理流程图

实现该功能主要用到的类包括 FormInfoManage、InfoController、DataEditor、WidgetFactory、FormDataEditor、FieldConfig、LayerTableRelation。

FormInfoManage——数据列表窗体，加载显示指定表的全部列表。

图 4.5-2 数据列表界面

图 4.5-3 数据查询及编辑界面

InfoController——数据管理主控制类，实现属性数据库的增、删、改、查。

WidgetFactory——控件生成工厂类，根据字段配置信息生成相应的控件列表，用于窗体中显示。

FormDataEditor——数据编辑主窗体，调用 WidgetFactory 类生成所需控件，显示、编辑相关字段信息。

FieldConfig——字段配置对象，包括字段名、类型等。

LayerTableRelation——图层配置表对象，负责数据库表和图层对应关系的查找等操作。

4.5.2　数据导入

数据导入是将录入在 Excel 模版要求的勘察数据导入项目中，数据导入流程见图4.5-4。

实现该功能主要用到的类包括 ExcelOperator、CsSQLiteData、DataToFeature、CalculateField。

ExcelOperator——Excel 操作类（ExcelOperator 项目），读写 Excel 文件。

4.5.3　导出数据到工程勘察数据中心

本模块主要是将分散的勘察数据传递到勘察数据中心，完成勘察数据在数据中心的备份，为后期的勘察数据服务奠定基础。

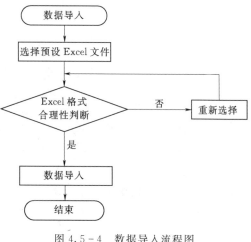

图 4.5-4　数据导入流程图

实现该功能主要用到的类包括 SqlServerAttributeDBConn、AttibuteExport、CsSQLiteData、ConnProperty。

SqlServerAttributeDBConn——SQLServer 服务器设计界面。

AttibuteExport——导入到 SQLServer 数据库主要类。

CsSQLiteData——获取全部表中的数据。

ConnProperty——数据库服务器配置类，存储数据库地址、用户登录等信息。

4.6　数据应用

数据应用是利用汇总编辑后的勘察数据进行图件绘制、统计分析、报表输出。数据应用流程见图 4.6-1。

4.6.1　图件绘制

图件绘制主要指原始图件和专题图件的生成及输出。原始图件是指将采集到的要素信

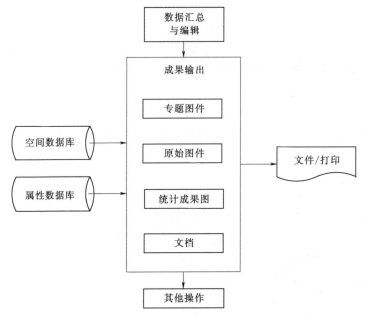

图 4.6-1 数据应用流程图

息根据规程规范的要求输出为矢量格式的图件，需要输出的原始图件包括实测剖面图、地层柱状图、钻孔柱状图、探洞展示图、探井展示图、探坑展示图、探槽展示图、洛阳铲柱状图。原始图件的具体格式参照《水利水电工程地质勘察资料整编规程》（SL 567—2012）和《工程地质计算机制图标准》（QJ/HS52.01—2010）标准，系统自动生成图例、图框、指北针等内容，绘制的图件可输出为 dxf 格式，在 AutoCAD 软件中进一步使用。

实现图件绘制功能主要用到的类及接口包括 FigureOrigin、FigureController、FormFigureViewer、Section、SectionProfile、FormLegend、FormMapSurround、ILegend2、IMapSurround、IGraphicsContainer。

FigureOrigin——图件基类。

FigureController——图件绘制主控制类。

FormFigureViewer——原始图件显示窗体。

Section——实测剖面绘制主要类。

SectionProfile——实测剖面绘制主控制类，调用 Section 完成图件的绘制。

FormLegend——图例设置窗体。

FormMapSurround——比例尺、指北针等设置窗体。

ILegend2——ArcEngine 接口，图例对象。

IMapSurround——ArcEngine 接口，周边元素对象。

IGraphicsContainer——ArcEngine 接口，绘制地图元素。

4.6.2　统计分析及成果输出

统计分析主要是对项目工作量、结构面信息、钻孔/探洞的相关信息进行。工作量统计主要是对工程勘察过程中各类勘察项目的汇总统计，包括地质点个数、钻孔总进尺、取样总数等，统计完成后可以将其以 Excel 格式输出。钻孔相关信息主要是对钻孔地下水位、覆盖层、地层厚度、压水试验、风化程度、卸荷程度等进行统计，可以对单个钻孔进行，也可以对多个钻孔或工程中全部的钻孔进行统计。结构面相关信息主要是针对地质测绘、勘探揭露结构面的各项指标进行，通过查询符合条件的数据，对数据进行相应的统计处理，根据处理结果绘制统计图并进行保存；统计图包括生成倾角直方图、节理玫瑰图和节理极点图、节理等密度图、赤平投影图等。工作量统计流程见图 4.6-2，钻孔、探洞相关信息统计流程见图 4.6-3，节理统计流程见图 4.6-4。

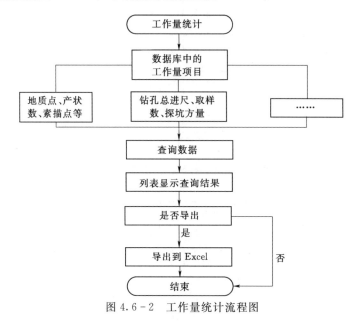

图 4.6-2　工作量统计流程图

实现该功能主要用到的类包括 FigureHistgram、FigureRoseZ、FigureRoseQ、FigureJD、FigureDensity、FigureStereographicProjection、Joint、JointGroup、JointStatic、ExcelOperator、CsSQLiteData。

FigureHistgram——直方图类，绘制节理统计直方图。

FigureRoseZ——绘制倾向玫瑰图类。

FigureRoseQ——绘制走向玫瑰图类。

FigureJD——绘制极点图类。

FigureDensity——绘制等密度图类。

FigureStereographicProjection——绘制赤平投影图类。

JointStatic——节理查询分组统计类。

ExcelOperator——导出 Excel 操作类。

CsSQLiteData——数据库查询操作类。

4.6.3　生成野外记录报告

采用条件查询后，通过相关设置，将查询结果以 Word 文档输出野外记录报告。

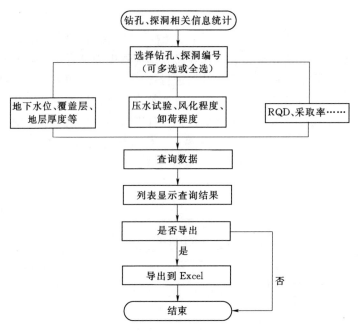

图 4.6 - 3　钻孔、探洞相关信息统计流程图

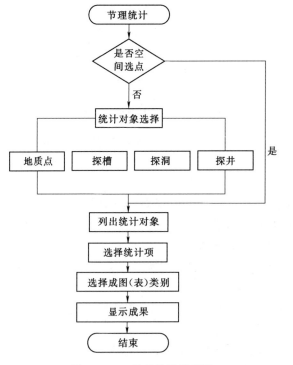

图 4.6 - 4　节理统计流程图

实现该功能主要用到的类及接口包括 MainController、FieldRecordsBook、WordOperator、CsSQLiteData。

FieldRecordsBook——野外记录报告类，读取数据库，调用接口 WordOperator，输出 Word 文档。

WordOperator——Word 操作接口，插入段落、图片、表格等内容。

4.7　系统管理

系统管理模块主要是对系统库和工作目录进行管理。系统库包括符号库、字典库、对照表，在使用时需对系统库进行预设。系统只能对工作目录下的项目进行管理，如果项目放在不同的文件夹中，管理项目信息时，需要切换工作目录。系统管理流程图见图4.7－1。

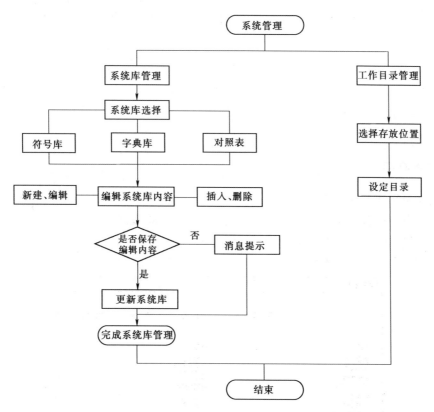

图 4.7－1　系统管理流程图

4.7.1　符号库

符号库存储了地图中各图层使用的符号样式，符号库管理就是增加、删除、修改符号或样式，以满足地图显示的需要，符号库界面见图 4.7－2。

实现该功能的主要类及接口包括 FormSymbolSelector、ISymbologyStyleClass、IStyleGallery、ISymbol。

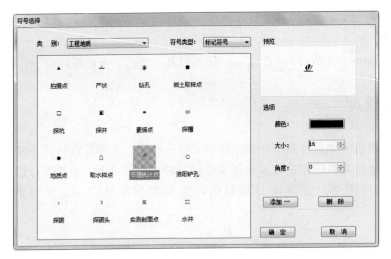

图 4.7-2　符号库界面

ISymbologyStyleClass——ArcEngine 接口，提供操作 SymbologyControl 控件的方法。

IStyleGallery——ArcEngine 接口，操作样式集。

ISymbol——ArcEngine 符号接口。

4.7.2　字典库

字典库是实现野外高效工作方式的重要手段，根据采集信息常用属性描述内容设定，每个字段由"字段名"及其对应的"可选值"构成。编辑数据时，遇到字典库中存在的字段只需选择可选值。字典库由桌面系统进行管理，它包括两种形式：一是普通字典库；二是地质描述字典库。字典库界面见图 4.7-3 和图 4.7-4。

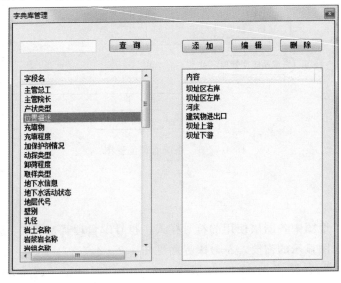

图 4.7-3　普通字典库界面

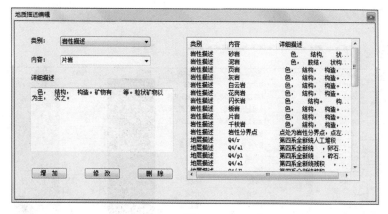

图 4.7 - 4　地质描述字典库界面

（1）地质描述字典库。实现该功能主要用到的类包括 GeoDescription、FormGeoDescriptionManage。

GeoDescription——地质描述类对象。

FormGeoDescriptionManage——地质描述字典库操作主窗体，负责地质描述字典的增、删、改、查。

（2）普通字典库。实现该功能主要用到的类包括 DictField、DictDataBase、FormDictDataBase、FormDictSelectionItem。

DictField——单个字段及选项定义对象。

DictDataBase——字典库对象，读写数据库，完成增、删、改、查等操作。

FormDictDataBase——字典库管理主窗体。

FormDictSelectionItem——字段及选项编辑窗体。

4.7.3　对照表

对照表是用于 CAD 数据与 GIS 数据转换时进行数据分层和符号设置的参照，以及 CAD 与 GIS 花纹符号、手持移动端与桌面端的符号对照。转换数据格式时，首先根据对照表查询是否存在相应的符号，存在则使用对照表规定的符号进行转换。对照表管理即是对符号对照表进行增加、删除、修改等操作，添加或修改 CAD 符号名称，建立或修改其与符号库中符号或样式的对应关系，以满足不同地图数据格式转换的需要。对照表由系统管理，地图导入时可进行编辑。相关对照表界面见图 4.7 - 5～图 4.7 - 7。

（1）CAD 对照表。实现该功能主要用到的类包括 CADMapping、CADMappingRecord、FormCADMapping。

CADMappingRecord——CAD 对照表记录，包括图层名称、类型（块、图层）、颜色。

FormCADMapping——CAD 对照表管理主窗体。

（2）花纹符号对照表。实现该功能主要用到的类包括 FormPatternSymbol、FormSymbolSelector。

图 4.7-5　CAD 对照表界面

图 4.7-6　花纹符号对照表界面

FormPatternSymbol——花纹符号管理主窗体。

（3）手持机符号对照表。实现该功能主要用到的类包括 FormSymbolSelector、Form-SKMMapping、FormSKMSymbol。

FormSKMMapping——手持机符号对照表管理主窗体。

FormSKMSymbol——手持机符号选择器窗体类，主要完成手持机对照表（SKM）的显示、预览与选择。

图 4.7-7　手持机符号对照表界面

5 移动设备采集子系统设计与实现

5.1 概述

移动设备采集子系统主要负责野外地质数据的采集与编录，在桌面子系统生成线路地图的基础上，利用移动设备的GNSS定位功能，快速定位空间位置，在系统采集界面中，依据预设图层进行工程勘察数据的数字化采集。移动采集子系统包括线路管理、地图管理、数据采集、数据管理、地图导航、数据备份及接口。

考虑到使用硬件设备的普遍适用性，移动设备采集子系统选用Android SDK＋Java JDK 6＋Eclipse 3.7的开发环境，可运行在安装有Android2.3以上版本的智能手机或平板上，其系统架构主要由运行支持层、数据层、逻辑层和应用层4个部分组成（图5.1-1），涉及基础地理数据、区域地质图等背景数据和野外勘察信息，根据工程勘察专业特点，遵循相应的规程规范建立数据结构，并根据作业业务逻辑对勘察信息的空间拓扑及属性进行检查，保证数据的完整性和准确性。

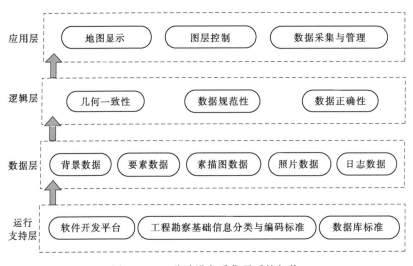

图5.1-1 移动设备采集子系统架构

5.2 线路管理

线路管理包括打开线路和关闭线路。桌面管理子系统建立的线路数据导入移动手持设备后，在移动采集子系统中可以打开线路、关闭线路，线路管理菜单见图5.2-1。线路数据包括矢量背景图、栅格背景图、数据采集预设图层、坐标系文件、坐标转换参数等。

（1）打开线路。打开线路主要是读取线路数据，并在地图界面中显示。读取线路包括读取坐标系信息和坐标转换参数信息，读取数据采集文件、日志文件、素描图文件夹、照片文件夹的路径，为操作线路数据做好准备。打开线路处理流程见图5.2-2。

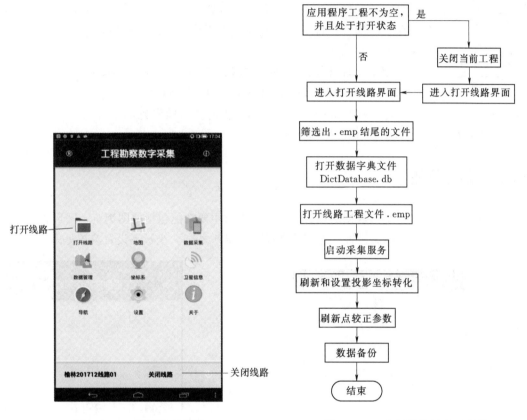

图5.2-1　线路管理菜单　　　　　　　　　　图5.2-2　打开线路处理流程图

实现该功能主要用到的类包括 MainActivity、BaseActivity、MyApplication、Open-LineActivity、 LinesAdapter、 ServiceMannger、 MapFile、 Project、 DBMannger、DictHelper、MapActivity、BackUpService。

MainActivity——主界面视图类。

BaseActivity——基础界面视图，主要是定义一些公用的变量和方法，有利于提高开发效率。

MyApplication——应用程序管理类。

OpenLineActivity——打开线路数据界面视图类。

LinesAdapter——打开线路界面，文件列表适配器。

ServiceMannger——后台服务管理类。

MapFile——线路文件［手持机地图文件（.emp 格式）和文件夹］结构类。

Project——对线路工程文件操作类，作为整个应用程序的全局静态变量使用。

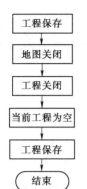

DBMannger——数据库基本操作类。

DictHelper——数据字典操作类。

MapActivity——地图界面视图类。

BackUpService——备份数据服务。

（2）关闭线路：关闭外业采集线路，结束外业采集并保存修改，初始化线路状态属性，以便打开其他的采集线路或退出程序，关闭线路处理流程见图 5.2-3。

实现该功能主要用到的类包括 MainActivity、BaseActivity、MyApplication、ProjectMannger、Project、DialogUtil。

图 5.2-3 关闭
线路处理流程图

ProjectMannger——对地图工程的基本操作类。

DialogUtil——对话框提示类。

5.3 地图管理

地图管理主要是对空间数据的增、删、改、查，主要功能包括地图浏览，图形查询、编辑和图层操作，以及坐标系设置。地图管理界面见图 5.3-1，坐标系设置菜单见图 5.3-2。

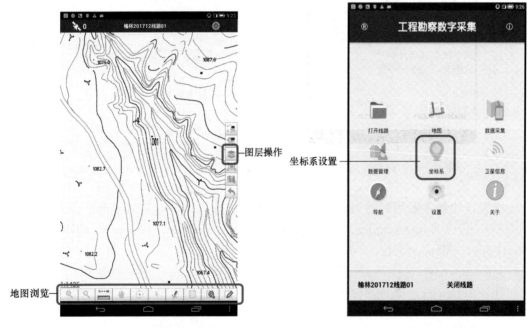

图 5.3-1 地图管理界面　　　　　图 5.3-2 坐标系设置菜单

（1）地图浏览基本操作包括放大、缩小、平移、全屏、点选（选择地图要素）、定位当前位置。通过这些操作可以浏览地图，查看用户当前的位置，了解周围的地图情况。

实现该功能主要用到的类包括 MapActivity、MyApplication、ServiceMannger、BackUpService、DBMannger、GPSMessageActivity、ProjectMannger。

MapActivity——地图界面视图类。

MyApplication——应用程序管理类。

ServiceMannger——后台服务管理类。

BackUpService——备份数据服务。

DBMannger——数据库基本操作类。

GPSMessageActivity——卫星信息界面类。

ProjectMannger——对地图工程的基本操作类。

（2）图形查询、编辑。图形查询是指由图形查属性；图形编辑是指通过拖动地图点要素或线要素节点更新点或线要素的地理坐标。

实现该功能主要用到的类：MapActivity. Java——地图界面视图。

（3）图层操作是为了更加直观、清晰地了解地图数据，对图层或图层中的符号进行修改，包括设置图层的符号大小和线条宽度、调整图层的显示顺序、设置图层是否可见等。

实现该功能主要用到的类：LayerStyleActivity. Java——图层管理界面视图，主要是设置图层的显示顺序、显示属性、样式和默认的工程样式。

（4）坐标系设置。线路数据的坐标系需要支持 WGS84、北京 54、国家 2000、西安 80 等常用坐标系，并支持用户坐标系，且能够把 GNSS 采集的坐标值转换为当前地图坐标系下的坐标值并存储。坐标系模块支持查看当前线路的坐标系信息、对坐标系进行基准转换、输入编辑校正参数等功能。

1）坐标系信息界面见图 5.3-3。

实现该功能主要用到的类：CoordSysActivity. Java——坐标系界面视图，主要包括坐标系名称、长半轴、扁率、中央经线、中央纬线等坐标系信息。

2）基准转换界面见图 5.3-4。

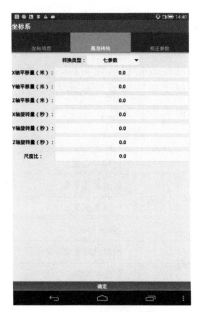

图 5.3-3　坐标系信息界面　　　　图 5.3-4　基准转换界面

实现该功能主要用到的类：CoordSysActivity.Java——坐标系界面视图，基准转换包括三参数和七参数两种方法。

3）校正参数界面见图5.3-5、图5.3-6。

图5.3-5　编辑校正参数界面

图5.3-6　计算校正参数界面

实现该功能主要用到的类：CoordSysActivity.Java——坐标系界面视图。坐标校正把GNSS采集的坐标值转换到当前地图坐标系的值，通过输入一个控制点的坐标值和实测该点的GNSS坐标值，计算出该控制点一定区域内的校正参数。

5.4　数据采集

采集的勘察数据包括地质点、实测剖面、钻孔、探坑、探槽、探洞、探井、洛阳铲等八大类，数据采集处理流程见图5.4-1。数据类型包括空间数据、属性数据、照片、素描图等，数据采集功能见表5.4-1。

表5.4-1　　　　　　　　　　　数　据　采　集　功　能

序号	功　　能	说　　明
1	普通属性采集	采集普通属性
2	照片采集	采集照片
3	素描图采集	采集素描图
4	相对坐标采集	采集相对点坐标
5	坐标采集	采集地理坐标
6	计算坐标	计算分段起点、终点坐标
7	电子展示图	采集电子展示图相对坐标

根据采集对象的属性和各个表间的包含关系，采用分级采集的方式，逐级采集各个对象。采集完父级对象的数据后，才能开始采集子级对象的数据。采集的全部对象及属性存储在 SQLite 文件 CollectContent.db 文件中。软件通过读取配置文件来逐级展示勘察对象及内容界面，配置文件用表关系和字段属性来描述勘察对象及内容。根据字段类型，对采集方式作相应处理。字段类型说明见表 5.4-2。

（1）普通属性采集。普通属性包括文本、日期、浮点、整型、继承等类型的字段，普通属性不作特别的处理，直接将获取输入的值保存到数据文件，普通属性采集界面见图 5.4-2。

实现该功能主要用到的类：DataMessageActivity.Java——显示数据界面视图，主要用来显示采集界面。

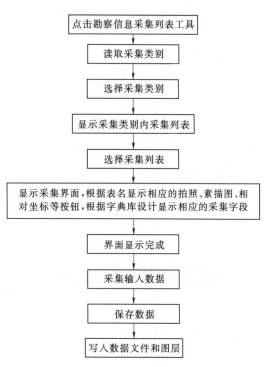

图 5.4-1　数据采集处理流程图

表 5.4-2　字段类型说明表

类型	说明
文本	界面显示为文本框
日期	界面显示为日期控件
照片	界面按照片采集处理
素描	界面按素描图处理
坐标	界面按坐标采集处理
经纬度坐标	界面按经纬度采集处理
浮点	界面按文本框处理并做输入合理性控制
整型	界面用数值控件显示
继承	从父级表格继承该字段值

图 5.4-2　普通属性采集界面

（2）照片采集。照片以文件的形式保存在"照片"文件夹内，数据库中保存照片文件名称，两者通过照片文件名称关联。照片采集菜单及界面分别见图 5.4-3 和图 5.4-4。

实现该功能主要用到的类包括 PictureMsgActivity.Java、MediaUtil。

图 5.4-3　照片采集菜单　　　　　　　　　图 5.4-4　照片采集界面

　　PictureMsgActivity. Java——照片描述信息界面视图。

　　MediaUtil——系统多媒体工具类。

　　(3) 素描图采集。素描图以文件的形式保存在单独的文件夹内，描绘的图形用自定义格式的 xml 文件保存，数据库中保存素描图文件名称，两者通过素描文件名称关联。素描图采集菜单及界面分别见图 5.4-5 和图 5.4-6。

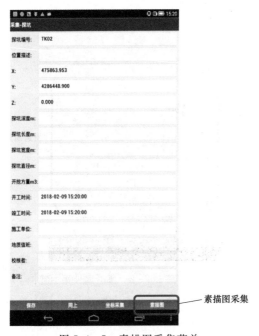　　　　　　　　　　　　　　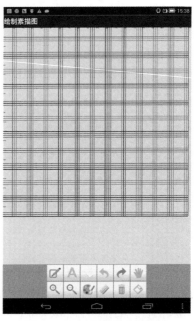

图 5.4-5　素描图采集菜单　　　　　　　　图 5.4-6　素描图采集界面

　　实现该功能主要用到的类：SketchActivity. Java——绘制素描图界面信息。

（4）相对坐标采集。相对坐标通过集成激光测距仪或人工录入获得，保存在数据文件中并用编号关联。相对坐标采集菜单及界面分别见图 5.4-7 和图 5.4-8。

图 5.4-7　相对坐标采集菜单　　　　　　图 5.4-8　相对坐标采集界面

实现该功能主要用到的类：RelativeCoordMsgActivity Java——相对坐标界面视图。

（5）坐标采集。坐标采集获取 GNSS 原始经纬度坐标，通过坐标转换，转换为目标坐标系下的坐标，保存在数据文件中。同时，将目标坐标写入采集图层并在地图上展示，坐标采集菜单及界面分别见图 5.4-9 和图 5.4-10。

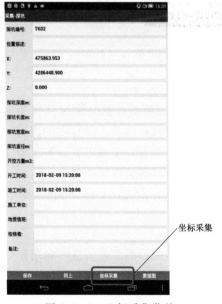

图 5.4-9　坐标采集菜单　　　　　　　　图 5.4-10　坐标采集界面

实现该功能主要用到的类包括 CoordDatumLocation. Java、DataMessageActivity。

CoordDatumLocation. Java——点校正界面视图，用来获取校正点数据。

DataMessageActivity——显示数据界面视图，主要用来显示调查项的数据属性信息。

5.5 数据管理

数据管理主要指对属性数据的管理，包括采集数据的查看、更新和删除功能。数据管理功能菜单见图 5.5-1。

图 5.5-1 数据管理功能菜单

（1）数据查看。包括查看属性数据和查看地图位置。

1）查看属性数据。查看已经采集的数据。由于采集的数据是多级从属关系的，所以要分级清晰地展示各级属性数据。以地质点为例，先展示地质点信息表的内容，再根据用户的选择展示子对象（产状、素描、拍摄点、岩土取样等）中的内容。对于照片、素描图等特殊的属性信息以相应的方式展示数据。查看数据处理流程见图 5.5-2。

实现该功能主要用到的类包括 DBManager. Java、RelativeCoordDisplayActivity. Java、RealDisplayView。

DBManager. Java——数据库基本操作类。

RelativeCoordDisplayActivity. Java——相对坐标展示图界面信息，利用相对坐标点生产展示图。

RealDisplayView——显示展示图基本类。

2）查看地图位置。通过数据列表内的数据可以定位该数据在地图上的位置。

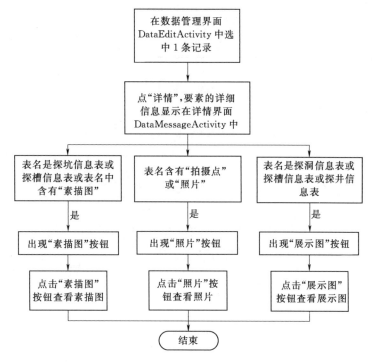

图 5.5-2 查看数据处理流程图

实现该功能主要用到的类：DataMessageActivity.Java——显示数据界面视图，该类主要用来显示调查项的数据属性信息。

（2）数据更新。指修改并保存属性数据，既要把原始的数据显示在采集界面上，又要编辑修改属性值，最后将数据更新到数据库。涉及的关键方法主要是数据显示和保存，而这其中不同于数据查询的是，在数据保存的过程中，将年-月-日 时-分-秒格式的时间转换成.NET 时间戳存储，方便与桌面端程序的接口对接，转换方法的代码如下：

```
Date date＝DateUtil. stringToLongDate(value);
BigDecimal result＝new BigDecimal(date. getTime());
value＝""＋result. multiply(newBigDecimal(10000)). add(new BigDecimal(6213562560000000000l));
```

（3）数据删除。由于采集的对象数据是多层级隶属关系的，所以删除对象数据需要慎重。删除对象时该对象包含的子对象都会一并删除，而其同级的兄弟以及父对象不受影响。系统既能对指定的对象进行删除，也可对整个采集对象进行删除。例如：删除地质点对象，地质点内的其他子对象（如产状、节理统计、素描、拍照等）都会一起被删除，而删除地质点内的某个产状不会影响该地质点内的其他对象的数据。数据删除过程中如果含有空间数据，空间数据会一并删除。数据删除流程见图 5.5-3。

实现该功能主要用到的类：DataMessageActivity.Java——数据管理界面视图。

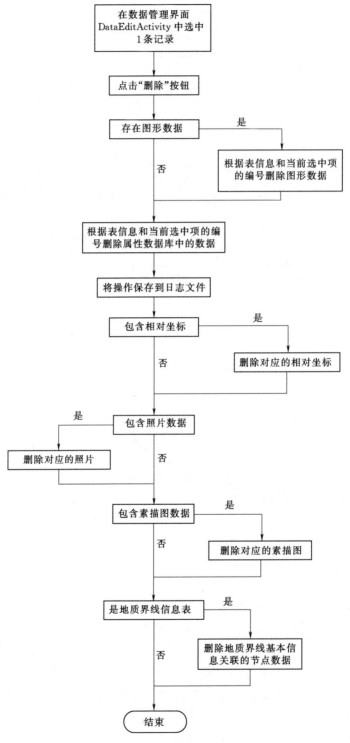

图 5.5-3 数据删除流程图

5.6　地图导航

系统实现的地图导航方式包括坐标导航、位置导航、列表导航以及历史导航。导航过程中提示速度、距离、方向等信息，并在地图上显示目标点和当前位置；最后还有导航轨迹实时记录地质工程师行走的轨迹点。地图导航主菜单见图5.6－1。

图 5.6－1　地图导航主菜单

实现地图导航功能主要用到的类包括 NavigationActivity、ImageTextAdapter、Navi＿coordsActivity，TransUtil、MapActivity。

NavigationActivity——导航主菜单界面。

ImageTextAdapter——导航主菜单界面 gridview 控件适配器。

Navi＿coordsActivity——输入坐标导航界面。

TransUtil——数据转换类。

MapActivity——导航界面类。

（1）坐标导航。输入已知点的坐标值，在地图上生成目标点，指引地质工程师向目标点移动。导航过程中提示航向、距离、速度等辅助信息。坐标导航流程见图5.6－2。

（2）位置导航。在地图点击任意位置生成目标点，指引地质工程师向目标点移动。导航过程中提示航向、距离、速度等辅助信息。位置导航流程见图5.6－3。

（3）列表导航。点选地图上已采集或底图已有的要素（或者在数据列表里选择）生成目标点，指引地质工程师向目标点移动。导航过程中提示航向、距离、速度等辅助信息。列表导航流程见图5.6－4。

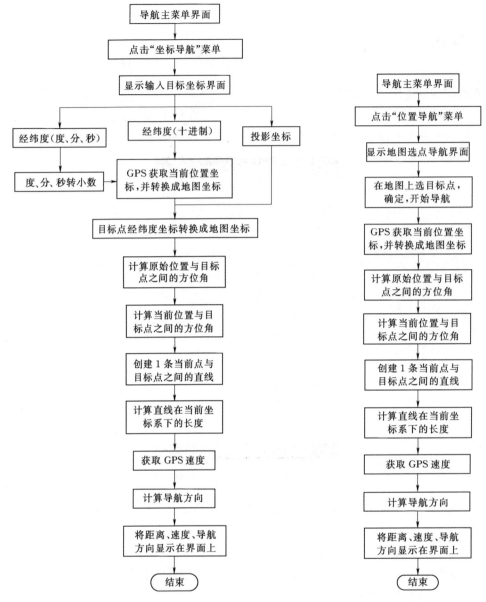

图 5.6-2 坐标导航流程图 图 5.6-3 位置导航流程图

（4）历史导航。每次导航结束后，系统会将导航点存入历史记录，以便再次进行导航时可以从历史记录中选择导航点，而不必再输入导航点坐标。历史导航流程见图 5.6-5。

（5）导航轨迹。轨迹记录是指在外业采集的过程中移动设备实时记录地质工程师行走的轨迹点。轨迹点为经纬度坐标，保存在轨迹文件中，轨迹文件命名为"LocusFile.db"，采用 SQLite 数据库进行存储。

轨迹查看是指查询一段时间内的轨迹，将指定时间段的轨迹点构成线，在地图上进行展示。

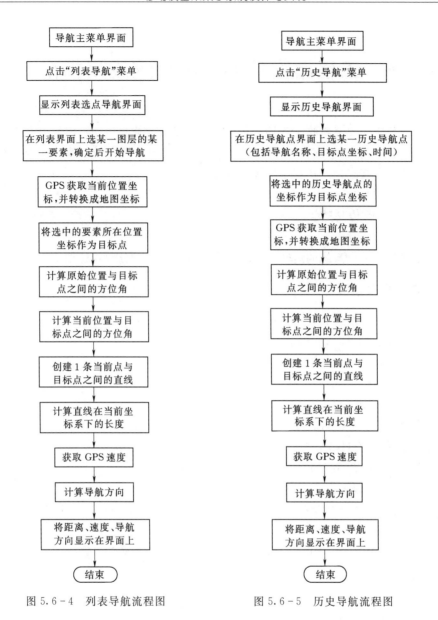

图 5.6-4　列表导航流程图　　　　图 5.6-5　历史导航流程图

5.7　数据备份

外业采集数据在程序运行的情况下对属性数据每 30min 进行 1 次数据备份，系统最多保存最近的 3 份备份数据。

6 工程勘察数字采集系统应用指南

工程勘察数字采集系统将工程勘察数字采集技术研究成果应用到实际工程勘察中，实现了工程勘察数据的采集、管理、应用的规范化、标准化、高效化。本章主要介绍工程勘察数字采集系统在实际生产过程中的操作方法。

6.1 运行环境及安装

工程勘察数字采集系统的运转需要软件和硬件的支持，分别描述如下。

6.1.1 硬件及系统要求

（1）桌面管理子系统对软硬件环境的最低运行要求如下：

CPU：主频 2.0GHz 以上。

显示器：分辨率在 1024×768 以上。

RAM：1GB 以上。

操作系统：Windows XP 及以上版本。

（2）移动采集子系统对软硬件环境的最低要求如下：

CPU：主频 1.0GHz 以上。

显示器：分辨率在 320×240 以上。

RAM：512MB 以上。

GNSS：内置 GNSS 功能芯片。

无线通信设备：GPRS 或者 CDMA 通信设备。

操作系统：Windows Mobile 6.1 及以上、Android 2.3 及以上版本。

6.1.2 支持软件要求

工程勘察数字采集系统的应用需要以下软件系统的支持：

（1）Office 2003 及以上版本。本系统的文档生成借助 Word 软件来实现，由于文档生成时调用了 Word 2003 版的样式功能，所以软件要求为 Word 2003 及以上版本。数据的导入以及一部分统计计算功能借助于 Excel 组件来完成。

（2）AutoCAD 2000 及以上版本。AutoCAD 在工程地质专业中应用广泛，有许多专业图件都是用它来绘制，大多数空间数据也是以它的格式来存储和交换，本系统许多图件的绘制功能也是通过它来实现的。

（3）ActiveSync。ActiveSync 是 MicroSoft 开发的基于 Windows Mobile 的设备的同步软件，用于计算机与手持设备之间的文件交换。

（4）ArcGIS 运行环境。基于 ArcGIS Engine 开发的桌面管理子系统，在运行时需要安装 ArcGIS 运行时，即 ArcGIS Engine Runtime，并运行附带的 license。

6.1.3　系统安装

工程勘察数字采集系统的安装由桌面管理子系统的安装和移动设备采集子系统的安装两部分构成。

桌面管理子系统（桌面端），安装文件为 GEAS. exe，运行于 Windows 操作系统中。

移动设备采集子系统（移动端），安装在移动采集设备上，根据移动设备系统平台（Android 或 Windows Mobile）的不同而有两个安装包：针对 Android 系统的安装包为 GEAS. apk；针对 Windows Mobile 系统的安装包为 GEAS. cab。由于 Android 移动设备发展迅速，硬件性能越来越好，Android 移动采集设备的应用越来越受到广大用户的喜爱，本书中仅对 Android 移动设备采集子系统的安装及应用进行详细讲解。

当移动设备安装的系统没有注册时，存在使用期限的问题，过了使用期限，移动设备采集子系统将无法正常使用。Android 移动端注册流程见图 6.1-1。操作步骤如下：

（1）单击主页界面左上角的【®】，进入软件注册界面，系统自动读取设备机器码，将机器码输入至注册机。

（2）将注册机上根据机器码生成的注册码输入至手持设备上的注册码处，单击【注册】，注册完毕。

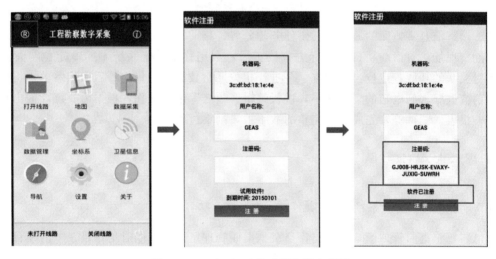

图 6.1-1　Android 移动端注册流程图

6.2　工作流程

工程勘察数字采集技术由桌面管理子系统和移动设备采集子系统共同完成，工作流程包括项目准备、数据采集、数据处理、成果输出，即从"桌面端"到"移动端"再到"桌面端"的工作流程，工程勘察数字采集技术工作流程见图 6.2-1。

首先在室内进行外业勘察现场数据数字化采集的项目准备工作，包括背景电子地图的

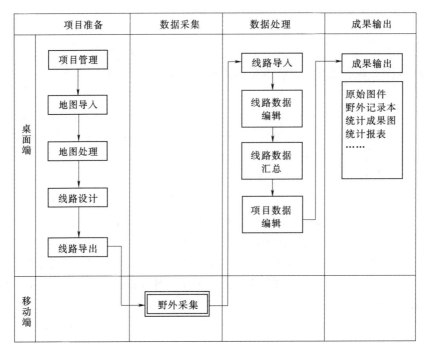

图 6.2-1　工程勘察数字采集技术工作流程图

准备、勘察信息字典库的编辑、勘察任务的分解、移动端电子地图的生成等工作；然后到外业勘察现场，对当前项目的坐标进行校正后，利用移动采集系统 GNSS 定位与背景地图实时关联的功能，定位当前位置，并进行相关勘察数据的采集；最后回到室内，将外业采集的数据导入到电脑的桌面端中，进行编辑、校核等编辑处理，根据需要统计输出相关指标、报表、图件等，完成一个完整的数字采集勘察过程。

6.3　基本操作

6.3.1　桌面管理子系统基本操作

（1）指定桌面管理子系统的工作目录。桌面管理子系统只能对工作目录下的项目进行管理，项目管理中的项目列表为当前系统工作目录下的所有项目。

建议在电脑上建立专用的采集系统工作目录"GEASworkspace"，单击【系统管理】→【工作目录】，在"浏览文件夹"窗口中选择创建的工作目录文件夹，单击【确定】按钮进行指定。工作目录设置界面见图 6.3-1。

（2）桌面端主界面及地图操作。桌面端主界面包括菜单栏、工具栏、状态栏、图层列表、地图窗口、地图工具栏、采集工具栏（图 6.3-2）。

1）菜单栏：位于主界面最上面，包括大部分系统功能菜单项。

2）工具栏：位于菜单栏下面，主要是地图数据编辑相关功能，如编辑图层的选择、查看属性、注记文字编辑工具等。

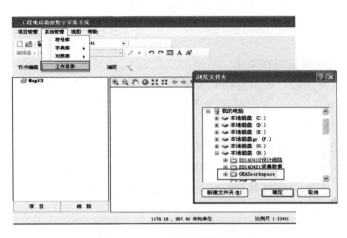

图 6.3-1　工作目录设置界面

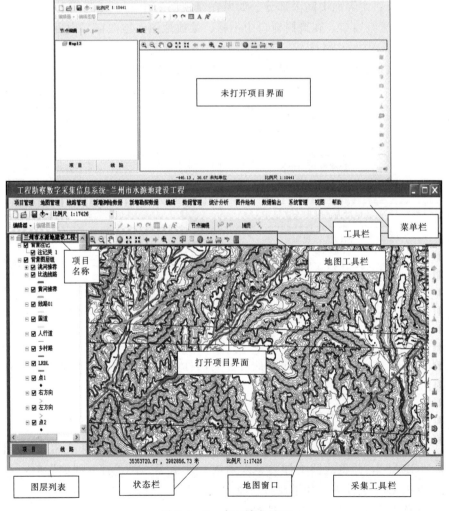

图 6.3-2　桌面端主界面

3）状态栏：位于主界面最底部，包括当前命令提示、鼠标位置的实际坐标、地图显示比例尺。

a. 在状态栏最左侧，当在菜单"新增测绘数据"、"新增勘探数据"或地图右侧工具栏中选择采集数据类别时，显示选择的新增数据类别，如新增"地质点"。

b. 在状态栏中间部分，实时显示当前鼠标所在位置的实际坐标，从左到右分别是 X 坐标、Y 坐标、地图单位。

c. 在状态栏最右侧，实时显示当前地图的显示比例尺。

4）图层列表：位于主界面左侧，包括图层列表、项目/线路数据切换、右键菜单。

a. 图层列表：显示当前打开地图的名称和图层列表。图层可以根据需要设置图层组，将同类的图层一并管理。

b. 项目/线路数据切换：位于图层列表底部，【项目】和【线路】标签，点击可在项目和线路间快速切换。

c. 右键菜单：区域内单击鼠标右键，显示上下文菜单、设置图层属性等操作。

5）地图窗口：主界面中间大部分。如果在【视图】中选中【鹰眼】选项，在地图窗口右下角将显示鹰眼窗口，在鹰眼窗口中平移、缩放地图，地图窗口中也实时同步地图缩放状态。

6）地图工具栏：位于地图窗口上部，地图工具栏图标功能说明见表6.3-1。

表 6.3-1　　　　　　　　　　　　　地图工具栏图标功能说明

图标	功 能 说 明	图标	功 能 说 明
	放大数据框内的地图		刷新地图视图
	缩小数据框内的地图		点击或拉框选择要素
	平移		清除地图选择
	使数据框内的地图全图显示		识别工具，查看要素属性信息
	返回上一视图		绘制多段线，获取长度
	转到下一视图		绘制多边形图形，获取面积
	固定比例缩小		绘制多段线图形，获取线的方位角
	固定比例放大		点击要素查询长度或面积
	按住鼠标左键拖动，连续放大缩小地图		

7）采集工具栏：位于主界面最右侧的一列图标，是新增勘察数据的快捷图标。采集工具栏图标功能说明见表6.3-2。

6.3.2　移动设备采集子系统基本操作

（1）移动端新建工作目录。为了文件管理的需要，在移动设备内置 SD 卡根目录下新建文件夹"GEAS"，并将线路文件夹导入到该文件夹下。在"打开线路"时，程序会自动浏览到"GEAS"文件夹（如果没有新建"GEAS"文件夹，需要用户浏览到线路文件所在路径），移动设备文件目录结构见图6.3-3。

表 6.3－2　　　　　　　　　　　　　　　　采集工具栏图标功能说明

图　标	功　能　说　明	图　标	功　能　说　明
	新增地质点		新增地质界线
	新增产状		新增实测剖面
	新增素描点		新增钻孔
	新增拍摄点		新增探坑
	新增岩土取样		新增探槽
	新增水取样		新增探洞
	新增水文地质点		新增探井
	新增节理统计点		新增洛阳铲

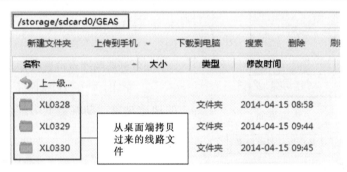

图 6.3－3　移动设备文件目录结构

（2）移动端主页界面及地图操作。移动端主页界面见图 6.3－4。运行软件后进入主

（a）未打开线路主页界面

（b）打开线路主页界面

图 6.3－4　移动端主页界面

页界面，通过主页界面可以进行移动端的功能操作，如打开线路地图显示、数据采集、数据管理，查看坐标系统、卫星信息，以及进行系统设置等操作。

移动端的地图操作工具在地图界面的右侧和下方（图 6.3-5），可以对地图进行放大、缩小、全图、数据采集等操作。在地图界面的上方，分别显示当前可利用卫星的颗数、线路名称、GNSS 定位预估精度；在地图左下角显示的比例关系是地图当前的显示比例尺。

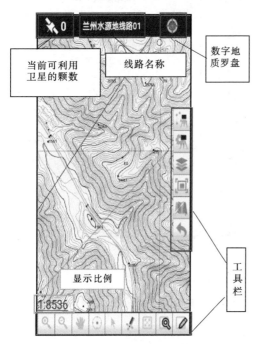

图 6.3-5 地图界面

1）地图基本操作。地图基本操作由地图工具栏进行，包括放大、缩小、平移、全图、选择、移动到当前位置、节点编辑\地质测绘数据采集（地质点、产状、素描、拍摄点、岩土样、水文地质点、水样、节理统计点测绘地质界线）、实测剖面和地质勘探类数据（钻孔、探坑、探槽、探洞、探井、洛阳铲）采集等功能。地图工具栏功能说明见图6.3-6。

2）更新勘察点位置操作步骤（图 6.3-7）。

a. 单击 |↖|，在地图上选中一个要移动的地质对象，勘察点变为红色。

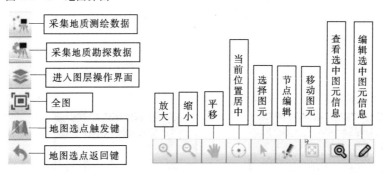

图 6.3-6 地图工具栏功能说明

b. 单击 ▨，将勘察点拖动到新地方，放开，单击右下角的 ✔，完成勘察点空间位置的移动；单击右下角的 ↩，放弃勘察点位置移动操作。

3）测绘地质界线节点编辑操作步骤（图 6.3-8）。

a. 单击 |↖|，在地图上选中需要编辑节点的地质界线，地质界线变为红色。

b. 单击 ✎，地质界线节点显示成绿色，屏幕左侧出现节点编辑工具。

c. 进行节点的增、删、移、查操作后，单击右下角的 ✔，完成节点空间位置的编辑；单击右下角的 ↩，放弃节点位置编辑的操作。

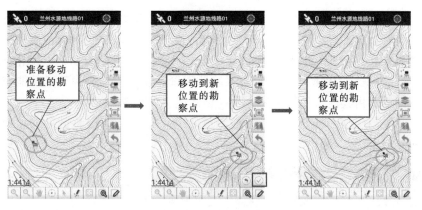

图 6.3 - 7　更新勘察点位置操作步骤

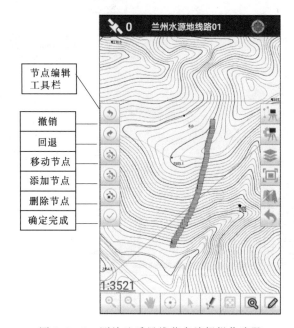

图 6.3 - 8　测绘地质界线节点编辑操作步骤

6.4　作业指南

6.4.1　桌面端项目准备

桌面端项目准备包括数据准备、新建项目、地图导入、地图样式设定、坐标系统设置、勘察信息字典库编辑、线路设计、线路导出、线路数据导入移动设备等工作，主要由桌面管理子系统的项目管理、地图管理、线路管理、系统管理模块完成。

6.4.1.1　数据准备

数据准备主要指依据勘察任务要求，在收集工程区已有勘察资料的前提下，重点准备工程勘察外业开展需要的背景地图资料（包括矢量图和影像图），同时了解清楚所有背景地图资料的坐标系统。对于∗.shp矢量图可以直接导入系统，∗.dwg格式的矢量图和影像图都需要先进行预处理，然后才能进入系统应用。∗.dwg格式的矢量图的预处理由AutoCAD软件完成，影像图的预处理由系统地图管理模块中的影像配准功能完成。其他格式的矢量图需要由其他软件转换为∗.dxf格式或∗.shp格式。

（1）∗.dwg格式的CAD矢量背景地图预处理。对于∗.dwg格式的矢量地形图需要预处理成∗.dxf格式，操作步骤如下（图6.4-1）：

图6.4-1 .dwg矢量图预处理

1）用AutoCAD打开待处理的∗.dwg格式的矢量地形图。

2）查看地图坐标是否在原位置，图形单位是否为m。一般情况下，在AutoCAD中读取的矢量图地图坐标为不带带号X坐标6位，Y坐标7位；带带号X坐标8位，Y坐标7位；带不带带号需要与后面的坐标系统选择一致。否则，需要进行缩放平移处理。

3）将图层进行归类，不需要的图层或内容进行关闭，在屏幕上不显示。

4）单击菜单【文件】→【另存为】命令，进入图形另存为界面：选择2000 dxf格式。

5）单击右上角【工具】→【选项】，在"选择对象"前打钩，单击【确定】。

6）输入相应的文件名，单击【保存】，进入CAD图形界面。

7）在CAD图形界面选择需要作为背景的图形对象，右键确认，∗.dxf图就准备好了。

（2）影像图预处理。影像图预处理是对扫描图件等照片格式的地图赋予坐标信息，使得地图可以在系统中作为背景图使用。如兰州市水源地收集到的区域地质图是扫描的影像图，利用系统内提供的影像配准工具进行影像配准工作（图 6.4-2），配准完的文件为 tiff 格式。坐标配准步骤如下：

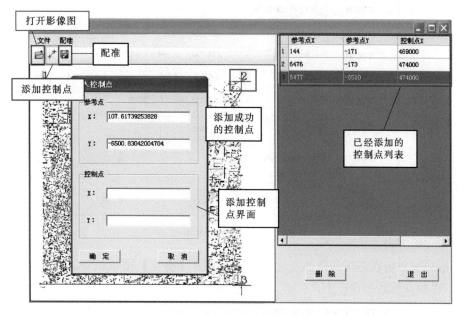

图 6.4-2　影像配准界面

1）进入工程勘察数字采集系统桌面端，打开新建的项目，依次单击菜单【地图管理】—【影像配准】，进入影像配准窗口。

2）单击菜单【文件】→【打开影像图】，或者单击工具按钮，选择要配准的影像。

3）单击菜单【配准】→【添加控制点】，或者单击工具栏按钮，在图上控制点位置单击，以添加一个控制点，在弹出的窗口中输入控制点坐标。

4）继续添加控制点，以满足配准要求。

5）控制点列表中选中控制点，单击【删除】，删除选中控制点。

6）单击菜单【配准】→【配准】按钮，或者单击工具栏按钮，选择保存位置及文件名，系统提示"配准完成"，单击【确定】；完成影像图的配准。

坐标配准需要注意以下两个方面的问题：如果影像图是灰度模式，需要先在照片处理软件中处理成 RGB 颜色模式；配准一张图需要 3 个以上的控制点，控制点以顺时针或逆时针旋转。

6.4.1.2　新建项目

（1）新建项目。新建项目在项目管理模块，操作步骤如下：

1）依次单击菜单【项目管理】—【新建项目】；或单击工具栏上的新建图标按钮，进入项目基本信息界面（图 6.4-3）。

2）在项目基本信息界面输入项目名称、设计阶段等基本信息。

3）选择【地层岩组信息】标签页，进入地层岩组信息界面（图 6.4-4）。

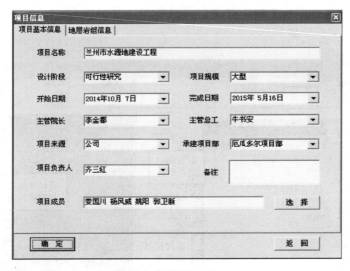

图 6.4-3　项目基本信息界面

4）添加项目所在范围内所涉及地层岩组，单击【确定】按钮；所添加的地层岩组会添加到工程勘察信息字典库中。

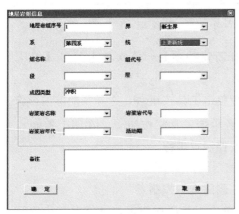

（a）地层岩组信息界面

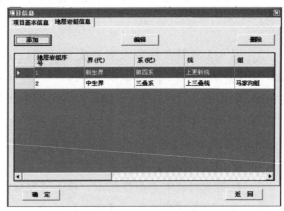

（b）添加新的岩组信息界面

图 6.4-4　地层岩组信息界面

（2）项目文件夹目录结构。所有存放在工作目录下的项目文件夹的目录结构保持一致，包含地图数据、线路数据、素描图、输出成果等信息（图 6.4-5）。

（3）项目管理其他功能。项目管理模块还有打开已有项目，并对已有项目进行编辑、删除等管理功能（图 6.4-6）。注意：当前已打开的项目无法删除，删除项目前先备份全部的项目数据。

6.4.1.3　地图导入

地图导入是将外部数据源导入到当前地图中。外部数据源包括 3 种类型的数据：AutoCAD 数据文件（＊.dxf）、ArcGIS 数据文件（＊.shp）和栅格文件（＊.tiff）。具体操

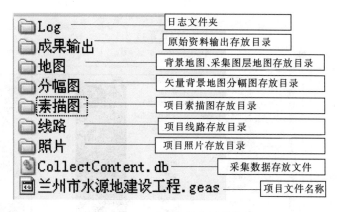

图 6.4-5　项目文件夹目录结构

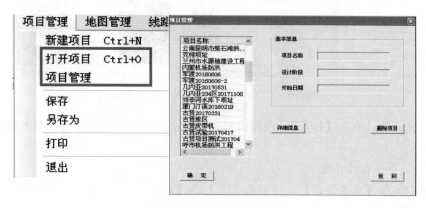

图 6.4-6　项目管理界面

作如下。

（1）导入 dxf 操作步骤。

1）依次单击【地图管理】→【地图导入】→【dxf】。

2）选择 dxf 文件。

3）系统弹出 CAD 与 GIS 对照表（图 6.4-7），将导入的 dxf 文件中所涉及的块及线图层全部列出，并列出所对应的 GIS 图层名称、样式、颜色；对于系统对照表中没有的元素，统一默认为一定的 GIS 样式，用户可在此界面将 CAD 图元进入系统后的图层名称、样式等信息进行修改。

4）完成后单击【确定】按钮。

5）dxf 矢量图导入到采集系统中以后，自动生成"背景图层组"，并将导入文件放入。

对于同一项目，可以分多次导入多个 dxf 文件；不同文件同名图层的数据类型（点、线）应相同；对于一些需要合并的点图层和线图层，只要将 GIS 设置中的图层名称取一致即可。

（2）导入 shp 矢量文件。

1）单击菜单【地图管理】→【地图导入】→【shp】。

图 6.4-7 CAD 与 GIS 对照表操作界面

2）选择文件，单击【打开】。添加的 shp 图层文件其坐标系统应与当前项目地图的坐标系统一致。

（3）导入影像操作步骤。

1）单击菜单【地图管理】→【地图导入】→【影像】，出现文件选择窗口。

2）选择配准过的影像文件（＊.tiff），单击【打开】。

3）影像文件导入后，系统将影像文件放在图层列表的最下端，以免影像遮盖其他图层信息。

6.4.1.4 地图样式设定

地图样式设定主要是将地图显示的符号、线型、颜色等进行设置。图层样式操作只针对矢量图层，注记图层或栅格图层不能应用。为了方便选择，制定了基础地理和工程地质两类符号库。样式设定操作步骤如下（图 6.4-8）：

（1）在图层列表中要修改的图层项上单击鼠标右键，在上下文菜单中单击【图层样式】菜单，进入符号设置界面。点图层直接进入点符号的选择，线图层直接进入线型的选择。

（2）选择需要的样式，并设置其大小、宽度、颜色等属性。

（3）完成后单击【确定】按钮。

6.4.1.5 坐标系统配置

坐标为地图中的每一个点提供准确的位置信息，是外业工作时移动设备 GNSS 定位的依据。常用坐标系统有地理坐标系（Geographic Coordinate System）和投影坐标系（Projection Coordinate System）。

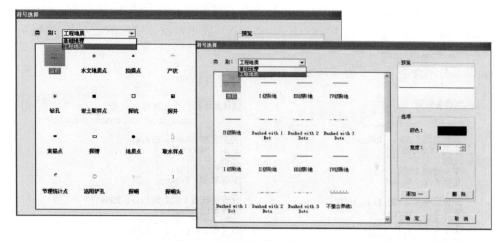

图 6.4 - 8　地图样式设定操作

国内常用的坐标系统为采用高斯-克吕格投影（GaussKruger）的投影坐标系，包括西安 80 坐标系、北京 54 坐标系、WGS84 坐标系、国家 2000（CGCS2000）坐标系。在 GEAS 系统中，常用坐标系已经进行了预定义设定，用户可以直接选取；对工程坐标系，用户可以进行自定义设置。地图中所有图层均为统一的坐标系统，不能单独设置某一图层的坐标系统。

坐标系统配置时依次单击菜单【地图管理】→【坐标系统】，进入坐标系统设置界面（图 6.4 - 9）。

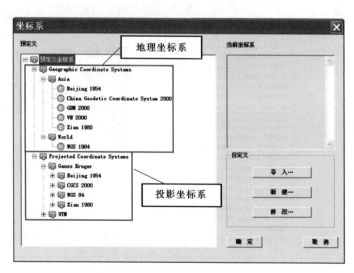

图 6.4 - 9　坐标系统设置界面

预定义的高斯-克吕格投影坐标系有 4 种不同的表示方法，表达的含义不同，具体情况如下：① "Beijing 1954 3 Degree GK CM 102E" 表示三度分带法的北京 54 坐标系，中央经线 102°的分带坐标，横坐标前不加带号；② "Beijing 1954 3 Degree GK Zone 34" 表示三度分带法的北京 54 坐标系，分带号 34（相应的中央经线 102°）的分带坐标，横坐标前加带号；③"Beijing 1954 GK Zone 15"表示六度分带法的北京54坐标系，分带号15，横坐标前加带号；④"Beijing 1954 GK Zone 15N"表示六度分带法的北京54坐标系，分带号15，横坐标前不加带号。

含带号与不含带号定义的坐标参数差别见图6.4-10。

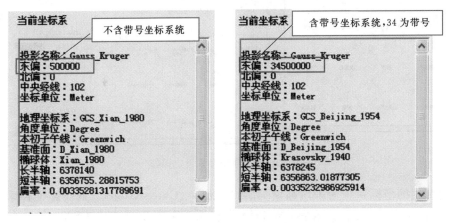

图6.4-10　含带号与不含带号定义的坐标参数差别

（1）预定义坐标系统选择操作步骤。在左侧列表中依次展开节点，找到所需的坐标系统，在右侧的当前坐标系框会显示所选坐标系的详细信息。如兰州市水源地建设工程坐标系为国家2000坐标系，中央经线105°，矢量图中采用加带号的表示方法（图6.4-11）。

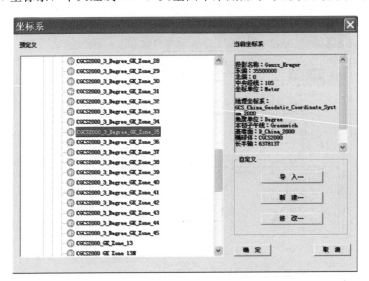

图6.4-11　兰州水源地坐标设置

（2）导入已有坐标系统操作步骤。单击【导入…】按钮，选择坐标系统文件（∗.prj）。

（3）自定义坐标系统操作步骤（图6.4-12）。主要适用于工程独立坐标系，中央经线不是标准的3度分带和6度分带的情况。操作步骤如下：

1）单击【新建…】按钮，选择"投影坐标系"，进入投影坐标系设置界面。

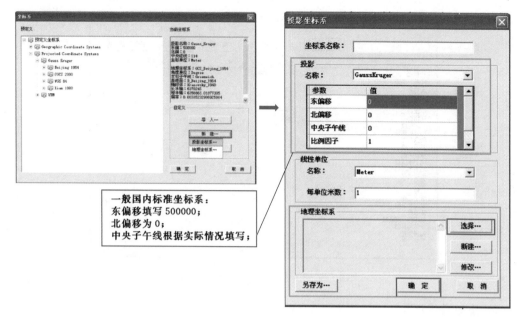

图 6.4-12　自定义坐标系操作步骤

2）输入新建坐标系名称。

3）在投影栏，选择投影名称，默认状态为高斯-克吕格投影。根据实际情况，填写参数。

4）在地理坐标系栏，单击【选择】，找到坐标系所在文件夹（安装目录下或者免安装文件目录下的［CoordinateSystems］—［GeographicCoordinateSystems］），选择合适的地理坐标系文件。

5）单击【确定】，完成坐标系的设置。

（4）修改当前坐标系统操作步骤。单击【修改…】按钮，修改坐标系统参数，单击【确定】按钮。

6.4.1.6　勘察信息字典库编辑

勘察信息字典库是方便数据录入、规范数据录入而预设的采集信息中常用的、相对固定的属性描述内容。字典库可以在桌面端根据项目具体情况进行查询、增加、删除、编辑，导出线路时随线路文件进入移动设备。

字典库分为普通字典库和地质描述字典库。普通字典库是一级管理，在输入数据时，可以直接点选；地质描述字典库是二级管理，操作时，需要先选择类别，再选择类别下的详细内容。

（1）普通字典库。依次单击【系统管理】→【字典库】→【普通字典库】，进入字典库操作界面（图 6.4-13）。

1）查询操作步骤。

a. 输入关键字，单击【查询】按钮。

b. 在左侧的列表中点击选择要查看的字段名，右侧"内容"列表会显示选项。

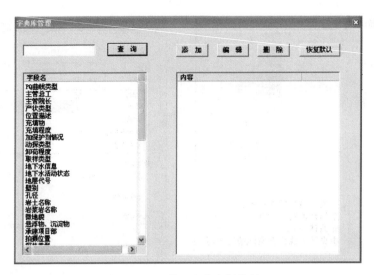

图 6.4-13　普通字典库操作界面

2）添加操作步骤。

a. 单击【添加】按钮，进入选项编辑。

b. 填写字段名称，需要与采集数据的字段名称保持一致。

c. 在左侧"编辑内容"列表中，输入选项，每行 1 项。

d. 单击中间的全部添加【＞＞】，移除【＜】，全部移除【＜＜】按钮，添加到"内容"列表。

e. 单击【确定】按钮，完成添加。

3）编辑操作步骤。

a. 在左侧"字段名"列表中选择要编辑的字段。

b. 单击【编辑】按钮，进入选项编辑。

c. 在左侧"编辑内容"列表中输入字段可选项。

d. 通过中间的添加、移除按钮进行取舍。

e. 单击【确定】按钮，完成编辑。

4）删除操作步骤。

a. 在左侧"字段名"列表中选择要删除的字段。

b. 单击【删除】按钮。

c. 根据提示确认是否删除。

5）恢复默认操作。单击【恢复默认】按钮，经过编辑的字典库（包括普通字典库与地质描述字典库）恢复到系统初始状态。

6）注意事项。

a. 已经添加的字段不允许修改字段名。

b. 字典库中不允许存在 2 个相同的字段名。

c. 字典库中地层代号上下标规则：＃后跟下标，＄后跟上标，＝恢复正常位置。例如 T_3er^2，字典库中表述为 T＃3＝er＄2。

（2）地质描述字典库。地质描述的内容比较多，包含地层描述、岩性描述、地貌描述、滑坡描述等，每种分类下面又有不同的详细描述，采用的是二级管理模式。

依次单击菜单【系统管理】→【字典库】→【地质描述字典库】，进入地质描述编辑窗口（图6.4－14），右侧内容列表中显示全部的地质描述内容。

图6.4－14 地质描述字典库操作界面

1）增加操作步骤。

a. 在"类别"下拉列表中，选择1个类别。

b. 在"内容"中输入要增加的项，不允许与已存在的重名。

c. 在"详细描述"中编辑详细内容。

d. 单击【增加】按钮。

2）修改操作步骤。

a. 在"类别"中选择1个类别。

b. 在"内容"下拉列表框中选择1项。

c. 编辑修改详细描述中的内容。

d. 单击【修改】按钮。

3）删除操作步骤。

a. 选择1个类别。

b. 选择内容项。

c. 单击【删除】按钮。

d. 根据提示，确认是否删除。

4）恢复默认操作。单击普通字典库的【恢复默认】按钮，经过编辑的字典库恢复到系统初始状态。

5）注意事项。

a. 修改时，只能修改详细描述，不能修改内容名称。

b. 删除时，只能删除内容项，不能删除"类别"。

6.4.1.7 线路设计

在满足移动设备性能要求的基础上，线路是为完成整个项目工作而分解的任务；如果1个项目根据实际工作安排，分成若干组共同完成任务，那么就建立若干条线路，1条线路对应相应的工作分组，根据设备性能线路可具有相同或不同的背景地图。

（1）新建线路操作步骤。

1）依次单击菜单【线路管理】→【新建线路】，进入线路设计界面（图 6.4-15）。

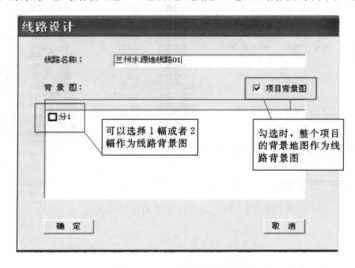

图 6.4-15 新建线路操作

2）在线路设计对话框中输入线路名称、选择线路背景图。

3）单击【确定】按钮。新建线路时，如果矢量背景地图很大，可以根据任务分配需要先对矢量地形图进行分幅；同一项目中的线路名称不能重复；不同任务分组的线路名称不能重复。

（2）打开已建线路操作步骤。打开已建线路有两种方式：一是从菜单栏的线路管理打开；二是在图层列表下方的标签打开。

1）菜单栏操作步骤。

a. 依次单击【线路管理】→【打开线路】，进入线路管理界面（图 6.4-16）。

b. 在线路列表中选择1个线路名称然后单击【确定】按钮，或者直接在线路名称上双击鼠标左键。

2）快速切换操作步骤（图 6.4-17）。

a. 在图层列表下方的快速切换标签中单击【线路】标签（图 6.4-17）。

b. 在弹出的线路列表中双击线路名称。

（3）删除线路操作步骤。

1）依次单击【线路管理】→【打开线路】，进入线路管理界面。

2）在线路列表中选择要删除的线路并单击【删除】按钮。

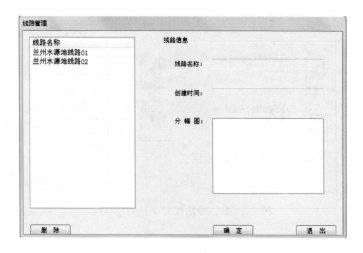

图 6.4－16 菜单栏操作方式界面

3）确定是否删除。

4）选择线路的备份位置。该操作无法删除当前已打开的线路，删除时提示备份线路数据。

6.4.1.8 线路导出

将线路数据转换为移动设备使用的格式，并导出到指定位置。

（1）在项目状态下，依次单击【线路管理】→【桌面到手持机】（图 6.4－18）。

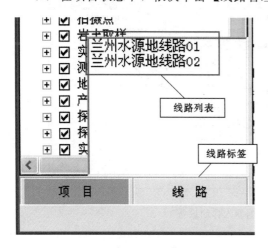
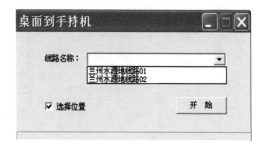

图 6.4－17 快速切换操作方式界面   图 6.4－18 线路导出

（2）选择线路名称。

（3）单击【开始】按钮，根据系统提示在电脑上选择线路保存位置。导出的线路文件是一个文件夹，导出线路文件初始结构见图 6.4－19；采集数据以后线路文件夹会根据采集内容，增加素描图、照片两个文件夹。

图 6.4-19 导出线路文件初始结构

6.4.1.9 线路数据导入移动设备

导出的线路文件到移动设备建议采用"91助手""360手机助手"等手机助手，采用将整个文件夹【导入】移动设备的方法（图 6.4-20）。

图 6.4-20 线路数据导入移动设备

6.4.2 移动端数据采集

移动端数据采集在野外勘察现场进行，开展外业工作前，需要先将桌面端设计的线路数据通过电脑手持机同步软件（ActiveSync）＋USB线方式拷贝到掌上机；在外业现场，地质工程师运行移动设备采集子系统软件，打开室内准备好的线路文件。第一次使用前，需要首先进行图层设置、坐标校正。然后才能利用系统的定位导航功能，在地图上定位当前位置，采集相关勘察信息，在移动端对采集到的勘察信息进行增、删、改、查等管理。采集完的勘察数据导入桌面端系统进行综合整理、成果输出，移动端基本工作流程见图6.4-21。

图 6.4-21　移动端基本工作流程图

6.4.2.1　打开线路

（1）单击主页界面的【打开线路】按钮，找到需要打开线路文件夹，单击打开文件夹，以"兰州水源地线路01"为例说明（图6.4-22）。

（2）选择"兰州水源地线路01.emp"文件，单击【确定】。

（3）打开线路后，系统直接进入地图界面，单击手机本身的返回按钮，返回主页界面，打开线路后的主页界面，左下角显示当前打开的线路名称。

打开线路后主界面　　　　　地图操作界面

图 6.4-22　打开线路流程图

6.4.2.2 图层设置

图层设置主要包括设置图层顺序、图层的样式及可见性。

单击地图界面右侧工具栏的 按钮，进入图层样式界面（图 6.4－23）。

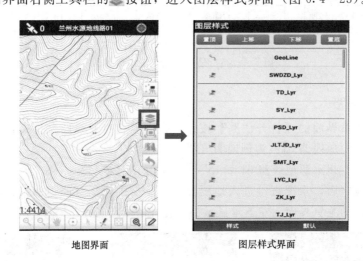

地图界面　　　　　　　　　　图层样式界面

图 6.4－23　图层样式设置

（1）单击图层样式设置界面右下角的【默认】按钮，系统将会按照系统设计时的配置设置该线路下采集要素的图层符号和标注的大小；首次打开 1 条线路时，必须先执行此操作，才能保证采集勘察要素的图层符号及标注正常显示。

（2）移动图层顺序。在图层样式设置界面选中 1 个图层，单击上部的【置顶】、【上移】、【下移】、【置底】按钮，调整图层的顺序。

【置顶】：当前图层移动至最上面；【上移】：当前图层向上移动；【下移】：当前图层向下移动；【置底】：当前图层移动至最底部。

（3）设置图层样式及可见性（图 6.4－24）。

图 6.4－24　图层样式及可见性设置

1）在图层样式界面，选中一个图层，单击右下角的【样式】按钮，进入图层样式设置界面。

2）样式设置界面上方是图层可见与不可见选择项，可见⚪不可见⚫图层可见，可见⚫不可见⚪图层不可见。

3）图层样式设置根据图层的不同（线图层、点图层）显示的界面有差异。线图层显示线宽，拖动条子调整线宽，完成后单击右下角的【保存】。点图层显示符号大小，拖动条子调整符号大小，完成后单击右下角的【保存】。

6.4.2.3　坐标校正

（1）查看设置坐标系操作步骤（图 6.4 - 25）。

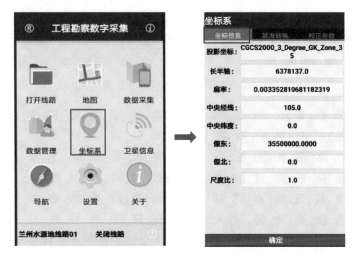

图 6.4 - 25　查看设置坐标系操作步骤

1）单击主页界面的【坐标系】按钮进入坐标系界面，默认进入【坐标信息】界面。

2）也可单击界面上方【坐标信息】切换到坐标信息界面，界面上显示当前坐标系信息，包括坐标系名称、椭球长半轴、扁率、中央经线、中央纬度、假东、假北、尺度比。

3）如果修改当前线路的坐标信息，请修改中央经线、假东、假北、尺度比文本框中的数字，然后单击界面下方的【确定】，保存修改的参数。

4）单击设备的【返回】键，回到系统主界面。

（2）设置点校正参数。设置点校正参数可以有两种方法：一是直接输入以前计算过的或是其他设备计算出来的校正参数；二是根据实际控制点坐标和现场 GNSS 测量计算校正参数。

1）输入校正参数操作步骤（图 6.4 - 26）。

a. 单击坐标系默认界面上方的【校正参数】按钮，切换到校正参数界面。

b. 获取以前计算过的或是其他设备计算的校正参数，在参数名称栏输入校正参数名称（名称自己命名即可），在参数面板输入相应的校正参数。

c. 勾选【水平转换】，则该参数参与校正；不勾选则该参数不参与校正。

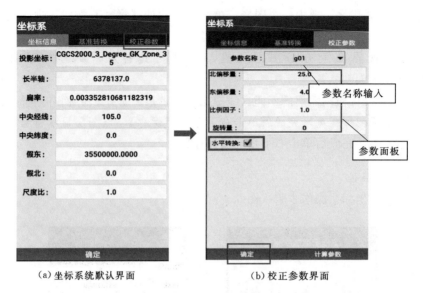

（a）坐标系统默认界面　　　　　　（b）校正参数界面

图 6.4 - 26　Android 输入校正参数操作步骤

d. 单击下方的【确定】，保存输入的参数，系统提示"点校正参数修改成功！"。

e. 单击【返回】，回到系统主界面。

2）计算校正参数操作步骤（图 6.4 - 27）。

a. 单击坐标系界面下方的【校正参数】按钮，切换到校正参数界面。

b. 单击屏幕下方的【计算参数】按钮，进入计算校正参数界面。

c. 单击底部的【增加】按钮，进入添加控制点界面。

d. 在添加控制点界面的上部输入控制点实际坐标；控制点实际坐标的输入方法有 3 种：一是在参数面板中输入已知控制点的 X、Y、Z 坐标；二是地图选点；三是列表选点。

e. 将手持机移动到控制点位置，单击【开始采集】按钮，开始利用手持机的 GNSS 测量控制点的实测坐标。

f. 观察样点数的变化，当样点数足够多时（时间越长、样点数越多，测量坐标越稳定）单击【完成】，完成 GNSS 控制点的坐标测量。

g. 单击【确定】完成 1 个控制点的添加。

h. 重复操作步骤 c～g，可依次添加多个控制点。

i. 可对已经添加过的控制点进行删除、清空等操作。

j. 单击【计算】按钮，显示计算结果界面。

k. 单击下方的【确定】，保存输入的参数，系统提示"点校正参数修改成功！"；单击【返回】，回到系统主界面。

3）地图选点操作步骤（图 6.4 - 28）。

a. 单击添加控制点界面的【地图选点】，进入地图选点界面。

b. 在地图上找到控制点的位置，先单击屏幕选点控制按钮 ，单击控制点的位置，再单击 按钮，返回添加控制点界面，完成地图选点添加控制点。

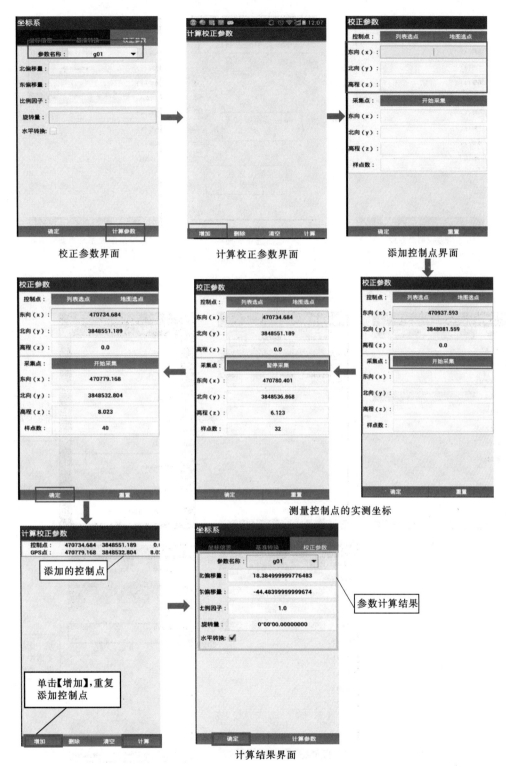

图 6.4-27 计算校正参数操作步骤

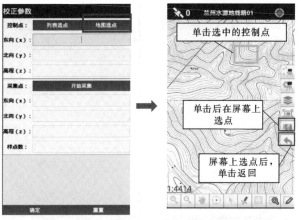

| 添加控制点界面 | 地图选点界面 | 控制添加完成界面 |

图 6.4 - 28　地图选点操作步骤

4) 列表选点操作步骤（图 6.4 - 29）。

图 6.4 - 29　列表选点操作步骤

a. 单击添加控制点界面的【列表选点】，进入列表选点界面。

b. 单击列表选点界面上面要素列表的 ▼ 按钮，进入图层要素的下拉列表界面，选择控制点所在的要素图层。

c. 在选中的要素图层中，选择控制点要素。

d. 单击界面下方的【确定】，回到添加控制点界面，完成列表选点添加控制点。

5）注意事项。

a. 可利用一个控制点计算出校正参数，也可利用多个控制点计算校正参数。多个控制点计算校正参数，校正效果更好。

b. 校正参数界面中，勾选【是否水平转换】，则该套参数参与校正；不勾选则参数不参与校正。

（3）切换校正参数操作步骤（图 6.4－30）。

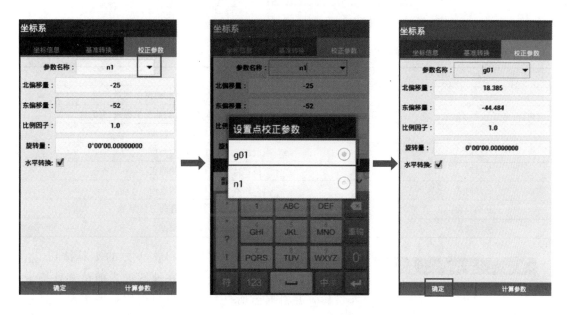

图 6.4－30　切换校正参数操作步骤

a. 在校正参数界面，单击参数名称右侧的 ▼ 按钮，进入参数切换界面。

b. 选中一组参数，回到校正参数界面，参数名称已经变成选中的参数。

c. 单击界面下方【确定】，系统提示"点校正参数修改成功！"，完成参数切换。

6.4.2.4　定位与导航

（1）查看 GNSS 信息。在 GNSS 信息界面，查看星图（星历图）及当前坐标信息。

在主页界面单击【卫星信息】 按钮，进入 GNSS 信息界面（图 6.4－31），单击界面上方的【星历图】和【坐标信息】，可以在星历图和当前坐标信息界面进行切换；GNSS 信息参数说明见表 6.4－1。

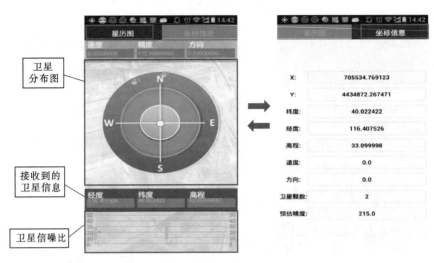

图 6.4-31　查看卫星图操作步骤

表 6.4-1　　　　　　　　　　　　　GNSS 信息参数说明表

GNSS 信息参数	说　　明
X	当前接收到的 GNSS 坐标转换到当前地图坐标系的值
Y	当前接收到的 GNSS 坐标转换到当前地图坐标系的值
纬度	当前接收到的 GNSS 的纬度
经度	当前接收到的 GNSS 的经度
高程	当前接收到的 GNSS 的高程
方向	当前接收到的 GNSS 的方向
卫星颗数	当前 GNSS 接收到的参与计算的卫星颗数
预估精度	当前 GNSS 的预估精度

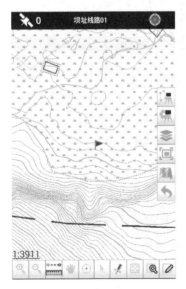

图 6.4-32　定位、当前位置居中

（2）定位。在地图界面，单击下方的工具按钮，系统会根据 GNSS 测量坐标，在地图上当前位置处标上小红旗，并根据当前显示比例将当前位置置于地图显示界面的中央（图 6.4-32）；为地质工程师在采集勘察信息时快速提供所在地方在地图上的位置。

（3）导航。在主页界面单击【导航】进入导航目的地界面，导航方式根据导航目的地输入方式的不同可分为输入坐标导航、地图选点导航、列表选点导航、历史导航 4 种；选择 1 种方式输入导航目的地，进入导航界面（图 6.4-33）。

1）输入坐标导航。操作步骤（图 6.4-34）：

a. 在导航目的地界面，单击【坐标导航】进入输入坐标导航界面。

b. 单击类型，进入坐标类型的选择。

c. 输入相应类型的坐标，单击【确定】，进入导航

图 6.4-33　导航操作一般步骤

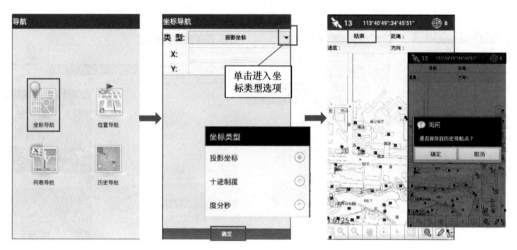

图 6.4-34　输入坐标导航操作步骤

界面。

　　d. 到达目标点后，单击【结束】按钮，结束导航。

　　e. 结束导航后会提示是否添加到历史导航点，单击【是】并输入历史导航点名称，把当前导航的目标点加入历史导航点。

　　2）地图选点导航。操作步骤（图 6.4-35）：

　　a. 在导航目的地界面，单击【位置导航】按钮进入地图界面。

　　b. 在地图上目标位置点击，进入导航界面。

　　c. 单击右上角【导航】，开始导航。

　　d. 到达目标点后，单击【结束】按钮，结束导航。

　　e. 结束导航后会提示是否添加到历史导航点，单击【是】并输入历史导航点名称，把当前导航的目标点加入历史导航点。

　　3）列表选点导航。操作步骤（图 6.4-36）：

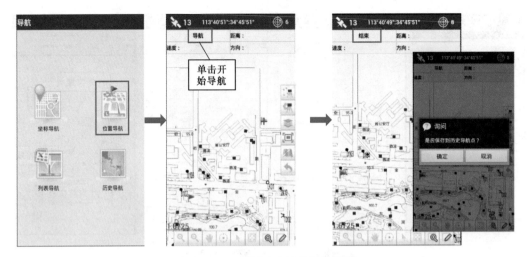

图 6.4-35　地图选点导航操作步骤

图 6.4-36　列表选点导航操作步骤

a. 在导航目的地界面，单击【列表导航】按钮进入列表选点导航界面。

b. 在列表中选中要导航的目标点，单击【确定】，开始导航。

c. 到达目标点后，单击【结束】按钮，结束导航。

d. 结束导航后会提示是否添加到历史导航点，单击【是】并输入历史导航点名称，把当前导航的目标点加入历史导航点。

4）历史导航。操作步骤（图 6.4-37）：

a. 在导航目的地界面，单击【历史导航】按钮进入历史导航选点界面。

b. 在列表中选中要导航的目标点，开始导航。

c. 到达目标点后，单击【结束】按钮，结束导航。

d. 结束导航后会提示是否添加到历史导航点，单击【是】并输入历史导航点名称，把当前导航的目标点加入历史导航点。

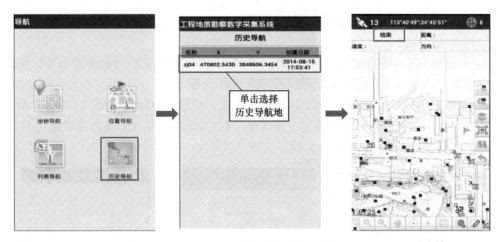

图 6.4-37 历史导航操作步骤

6.4.2.5 勘察信息采集

外业勘察采集的数据主要是勘察点的坐标信息、属性信息等参数。

1. 坐标信息采集

坐标信息的采集有两种方法：方法 1 是 GNSS 采集当前点坐标；方法 2 是在地图上绘点。

（1）方法 1：GNSS 采集坐标操作步骤（图 6.4-38）。

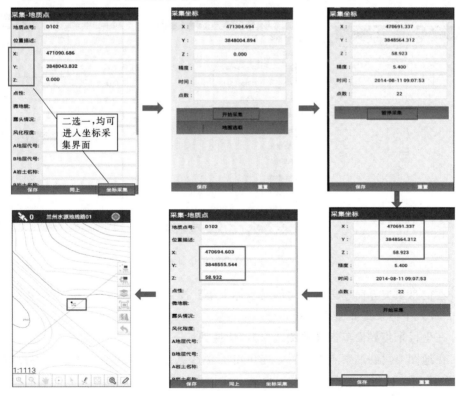

图 6.4-38 GNSS 采集坐标操作步骤

1）单击信息采集界面右下角的【坐标采集】按钮，或者单击左侧列表中的 X、Y、Z 区域，进入坐标采集界面。

2）单击坐标采集界面的【开始采集】，开始通过 GNSS 采集当前位置坐标，采集样点数足够多时，单击【暂停采集】完成 GNSS 坐标采集。

3）单击左下角的【保存】，回到信息采集界面，信息界面勘察点的 X、Y、Z 坐标已经被更新，录入其他信息后，单击左下角【保存】，在地图上看到采集的勘察点。

（2）方法2：地图绘点采集坐标操作步骤（图 6.4-39）。

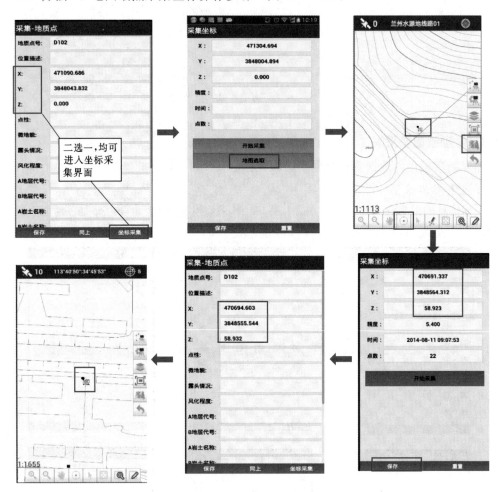

图 6.4-39　地图绘点采集坐标操作步骤

1）在信息采集界面单击右下角的【坐标采集】按钮，或者单击左侧列表中的 X、Y、Z 区域，进入坐标采集界面。

2）在坐标采集界面单击【地图选取】，切换到地图界面。

3）在地图上找到勘察点的位置，先单击屏幕选点控制按钮 ，单击勘察点的位置，再单击 按钮，返回勘察点信息录入界面，完成在地图上选点采集坐标，返回坐标采集界面，单击左下角的【保存】，回到信息录入界面。在地图上绘点前，可以先通过单击地图界面下侧工具条的当前位置居中图标⊙，确定当前点在地图上的位置。

4）信息界面勘察点的 X、Y、Z 坐标已经被更新，录入其他信息后，单击左下角的【保存】，就可以在地图上看到采集的勘察点。

2. 属性数据采集

在属性界面填写信息，勘察点编号必须输入，其他属性可以根据需要选填，在单击有字典库的字段后，可以进入该字段的字典库进行选择录入；节理统计点、实测剖面与地质勘探类数据（钻孔、探坑、探槽、探洞、探井、洛阳铲）的采集是首先采集基本信息，然后采集其下的若干子信息。

（1）进入属性数据采集路径。Andriod 移动端进入属性数据采集界面有 3 条路径。

1）路径 1：在地图界面单击勘察数据采集按钮 🪧 或者 🪧 进入数据采集列表，根据需要采集的类别进行选择，先在地图上选择勘察点的坐标，确定后，进入相应的数据采集界面，录入属性信息。

🪧 是对于地质测绘信息的采集，路径 1 地质测绘信息的数据采集流程（以地质点为例）见图 6.4 - 40；🪧 是对于实测剖面与地质勘探信息的采集，路径 1 地质勘探信息的数据采集流程见图 6.4 - 41。

地质测绘信息采集完成后，单击【保存】回到地图界面，可以在地图上看到采集的信息；地质勘探信息采集完成后，在列表状态下，单击设备本身的返回键，回到地图界面，可以在地图上看到采集的信息。

2）路径 2：在主页界面单击【数据采集】按钮，进入采集数据类别列表，单击需要采集的选项，进入相应的数据采集界面，可以先录入属性信息后单击【坐标采集】进行勘察点位置采集；也可以先单击【坐标采集】，再单击【属性】按钮进行属性录入（图 6.4 - 42）。

采取路径 2 时，坐标与属性采集完成后，单击【保存】，系统回到采集数据类别列表，单击设备本身的返回键，回到主页界面后，再单击【地图】，可以在地图上看到新增的勘察点的位置。

3）路径 3：在主页界面，单击【数据管理】，进入编辑数据类别列表，单击需要采集的选项，进入需要采集的勘察选项的列表，单击下面的【增加】按钮，可以进行新的勘察数据的采集；对于一次采集没有完成的勘察点，在勘察点的选项列表中点击需要补充信息的勘察点，单击【编辑】，进入信息的增加修改编辑状态。如果是补充勘察点的子表信息，单击选项中的【子表】，进入勘察点基本信息及子信息列表，选择需要添加的子信息项，进入录入界面，录完后，单击左下角【保存】，进行下一条子信息的录入，完成后，单击左下角的【退出】，或单击设备的返回键，依次返回上一界面，路径 3 勘察数据的采集流程（以钻孔取样信息为例）见图 6.4 - 43。

对于实测剖面或者钻孔、探洞等勘探点的子信息的添加，只能采取路径 3 的方法。

（2）属性数据录入方法。属性数据的录入有两种方法：一是直接输入；二是通过字典库选择录入。【同上】按钮的应用可以快速输入与上一条记录相似的属性记录。测量倾向倾角时可采用系统本身具备的电子罗盘功能。

1）直接输入与普通字典库的操作（图 6.4 - 44）。属性录入界面字段说明后面的白色框为直接录入编辑框，可直接录入字段。

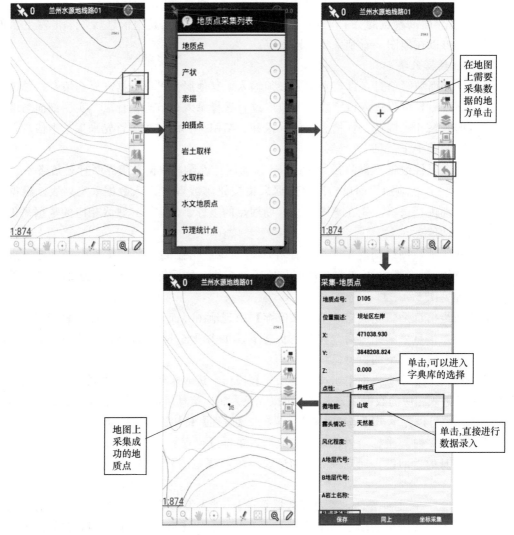

图 6.4 - 40　路径 1 地质测绘信息的数据采集流程（以地质点为例）

有普通字典库的字段，单击属性描述字段会出现字典库选择界面；单击选取具体内容，选取内容在编辑框显示，不满意选取内容，可以继续在编辑框进行编辑。

2）地质描述字典库的操作（图 6.4 - 45）。地质描述字典库是二级管理。单击【地质描述】字段，进入地质描述添加界面；先选择描述类型，再选择描述类型下的描述内容，所选内容添加至编辑框；重复上一步的操作可以继续添加其他类型的描述至编辑框上一次添加内容的后面；在编辑框内对描述的内容进行修改编辑，完成后，单击【保存】，内容添加到地质描述属性框内。

3）【同上】按钮的应用操作。【同上】是为了方便外业属性录入而设置的。单击【同上】按钮，在勘察点编号顺延的情况下，系统自动将该类勘察点上一条的属性信息全部复制到当前记录，局部进行编辑修改即可。

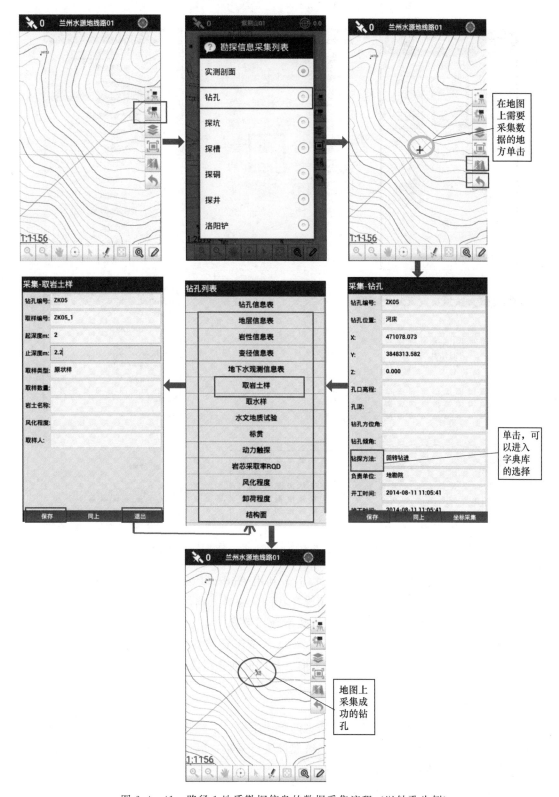

图 6.4 - 41 路径 1 地质勘探信息的数据采集流程（以钻孔为例）

图 6.4-42　路径 2 勘察数据的采集流程（以钻孔为例）

4）数字地质罗盘的操作（图 6.4-46）。利用 Android 设备的位置传感器开发的数字地质罗盘可以量测倾向、倾角、方位角等产状信息并计入属性表中。量测步骤为：单击需要量测产状的字段（倾向、倾角），进入数字地质罗盘（电子罗盘）界面，将设备贴在需要量测的层面上，调整翻转角小于±1°（有些设备需要调整倾伏角小于±1°），单击【确定】，走向、倾向、倾角取值填入最终走向、最终倾向、最终倾角，单击【返回】，取值填入属性字段对应的位置。

3. 照片采集

照片是野外作业后详细观察勘察信息的重要手段。系统将地质测绘点、勘探点（坑槽洞井）的照片信息作为当前勘察点的二级属性进行采集，以地质测绘点照片采集为例进行说明，其他勘察点的照片采集方法类似。

（1）地质测绘点照片采集操作步骤（图 6.4-47）。

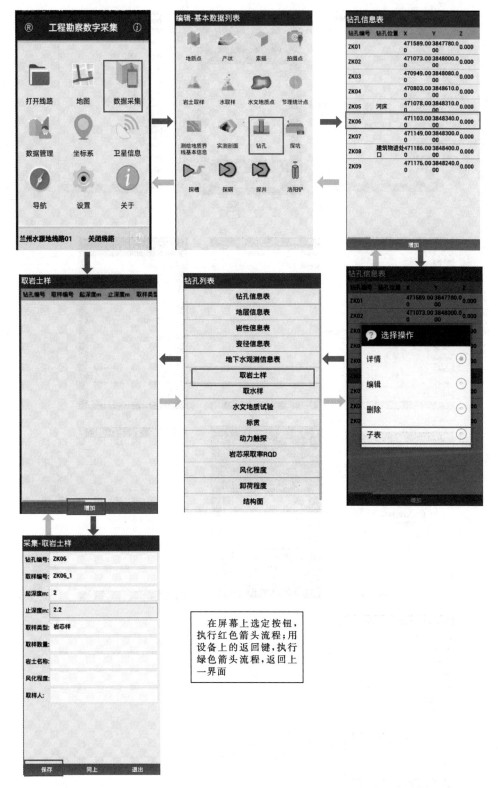

图 6.4-43 路径 3 勘察数据的采集流程（以钻孔取样信息为例）

图 6.4 - 44　普通字典库操作

图 6.4 - 45　地质描述字典库操作

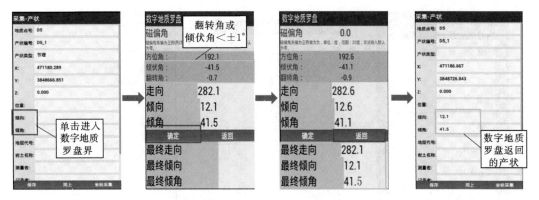

图 6.4 - 46 数字地质罗盘操作步骤

1）单击地图界面的地质测绘数据采集按钮，在出现的列表中选择【拍摄点】。

2）在地图上找到拍摄点的位置，先单击屏幕选点控制按钮，再在拍摄点的位置处点击，然后点返回按钮，进入拍摄点属性信息录入界面。

3）在属性信息录入界面根据需要选填信息；单击左侧列表中的采集字段，可以进入该字段的字典库选择界面，选择性录入信息；其中的【照片号】字段用于记录数码相机拍摄的照片编号，方便在桌面端进行数码相机拍摄照片的导入。

4）单击右下角的【拍照】按钮，进入照片采集界面。

5）单击照片采集界面的【拍照】按钮开始拍摄照片，确定后出现"填写照片描述！"文本框，单击文本框，输入照片描述，单击【保存】，1张照片信息保存成功。多张照片拍摄，重复单击【拍照】按钮。

6）单击【上一张】和【下一张】，查看已经采集的照片。

7）照片拍摄完后，单击右下角的【退出】按钮或者设备的返回键，返回拍摄点信息采集界面。

8）如果拍摄点的坐标有变动，单击右下角的【坐标采集】或者点按左侧列表中的 X、Y、Z 区域，进入坐标采集界面，进行坐标信息重新采集，采集完成后，单击【保存】回到属性信息录入界面。

9）属性、坐标都采集完成后，单击【保存】，系统回到地图界面，可以看到采集到的拍摄点及编号。

（2）注意事项。

1）拍摄点信息隶属于最后采集的1个地质点，拍摄点编号以最后1个地质点编号为基础，顺序编号。

2）可以用数码相机拍摄照片，在属性信息录入界面记录数码相机拍摄的"照片号"，在桌面端进行数码相机拍摄照片的导入。

4. 素描图采集

在兰州水源地建设工程的信息采集过程中，利用了系统的电子手绘地质测绘点、探坑、探槽素描图的功能，采集素描图。以地质测绘点素描图采集为例进行说明，探坑、探槽素描图采集方法类似。

图 6.4-47　照片采集操作步骤

地质测绘点素描图采集操作步骤（图 6.4-48）。

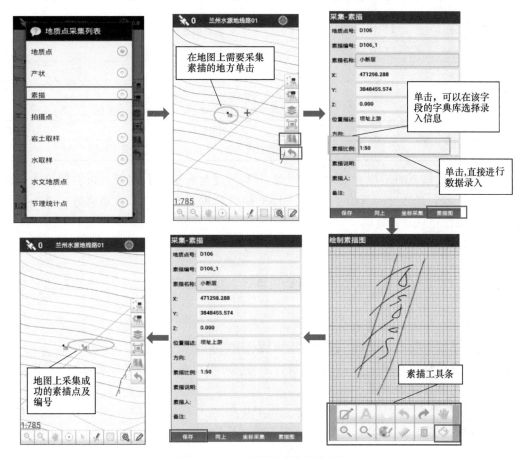

图 6.4-48　素描图采集操作步骤

（1）单击地图界面的地质测绘数据采集按钮 ，在出现的列表中选择【素描】。

（2）在地图上找到勘察点的位置，先单击屏幕选点控制按钮 ，再在勘察点的位置处单击，然后点返回按钮 ，进入素描点属性信息录入界面。

（3）在属性界面根据需要选填信息；单击左侧列表中的采集字段，可以进入该字段的字典库选择界面，选择性录入信息。

（4）单击右下角的【素描图】按钮，进入画素描图界面，画完素描图后，单击右下角保存图标 ，返回素描信息采集界面。素描图工具条说明见表 6.4-2。

表 6.4-2　　　　　　　　　　　　　素描图工具条说明表

工具条按钮	说　　明
	切换到绘制线状态
	切换到绘制文字状态
	切换到橡皮擦状态
	撤销绘制的图形

续表

工具条按钮	说　明
	重绘撤销的图形
	切换到平移图形状态
	放大图形
	缩小图形
	当前选择的画笔颜色、点击选择画笔颜色
	绘制线的粗细大小
	保存已经绘制的素描图，返回信息录入界面

（5）如果素描点的坐标有变动，单击右下角的【坐标采集】或者点按左侧列表中的 X、Y、Z 区域，进入坐标采集界面，进行坐标信息重新采集，采集完成后，单击【保存】，回到属性信息录入界面。

（6）属性、坐标都采集完成后，单击【保存】，系统回到地图界面，可以看到采集到的素描点及编号。

素描点信息隶属于最后采集的 1 个地质点，素描点编号以最后一个地质点编号为基础，顺序编号。

5. 洞、井、槽空间信息采集

为实现系统自动绘制探洞、探井、探槽展示图的要求，引入相对坐标（LX、LY）的概念；在信息采集时，依据一定的约定进行采集，并可以在移动端查看相应的展示图。

（1）相对坐标设置原则。

1）探洞相对坐标设置原则。探洞展示图描述两壁（左壁、右壁）、一顶（顶拱）及掌子面。探洞相对坐标约定如下（图6.4-49）：

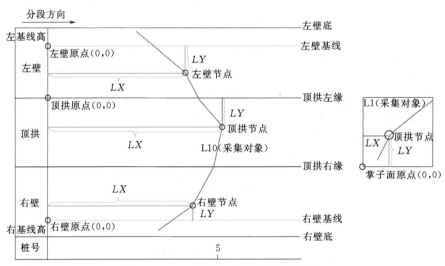

图 6.4-49　探洞相对坐标约定示意图

a. 面向洞里，左侧为左壁，右侧为右壁。

b. 左右壁坐标原点分别为洞口处基线起点位置。约定 LX 为节点距洞口距离（桩号)，LY 为节点到基线垂直距离，基线上取正值，下取负值。

c. 顶拱原点位于左侧洞口起点处，LX 为节点距洞口距离（桩号），LY 为测点距左壁顶距离。

d. 约定面向掌子面，以掌子面左下角为原点进行相对坐标采集（LX，LY）。

2）探井相对坐标设置原则。探井展示图描述四壁（一壁、二壁、三壁、四壁），探井相对坐标（LX，LY）约定如下（图 6.4 - 50）：

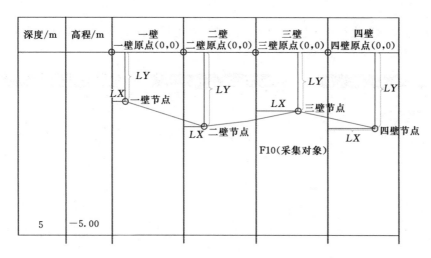

图 6.4 - 50　探井相对坐标约定示意图

约定面向一壁时的左上角为坐标原点，每壁的水平方向为 LX 轴，垂直方向为 LY 轴。

3）探槽相对坐标设置原则。探槽展示图描述一壁一底；探槽相对坐标约定如下（图 6.4 - 51）：

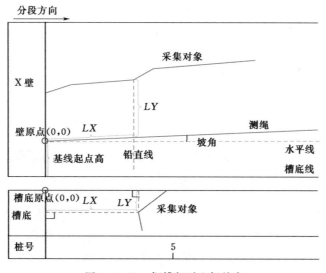

图 6.4 - 51　探槽相对坐标约定

a. 一壁：面对需要描述的壁，测绳起点为坐标原点，测绳方向为 LX 轴，测绳起点距槽底高度为基线起点高，坡角为测绳与水平线夹角。采集对象节点相对坐标（LX，LY）定义如下：采集对象控制节点做铅直线到尺子，LX 为铅直线在尺子处的距离，LY 为铅直线到尺子的铅直距离，尺子上部为正值，下部取负值。

b. 槽底：面对描述的壁，槽底的左上角为坐标原点，水平沿槽的方向为 LX 轴，垂直向下为 LY 轴，采集对象节点相对坐标（LX，LY）为节点到 LX 轴、LY 轴的垂直距离。

（2）相对坐标采集操作步骤。以下以探槽相对坐标采集为例说明相对坐标采集操作步骤（图 6.4－52）。

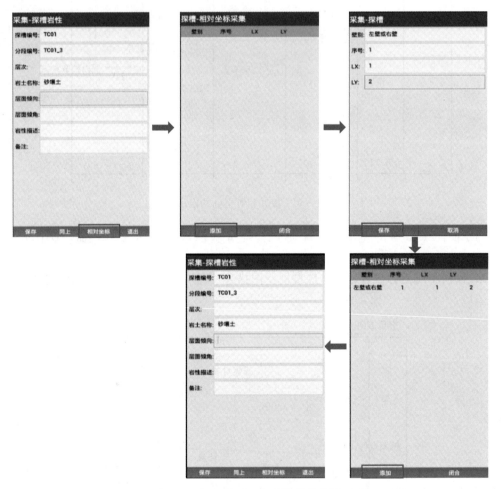

图 6.4－52　相对坐标采集操作步骤

1）在属性信息采集界面单击右下角的【相对坐标】，进入相对坐标信息列表界面。

2）单击左下角的【添加】按钮，进入相对信息采集界面，单击【壁别】字段，选择输入相应壁别，在 LX、LY 输入数值，单击【保存】完成一个相对坐标点的添加，回到相对坐标列表界面。

3）重复上一步，完成下一个节点的相对坐标的采集。

4）【闭合】按钮的作用是把输入的相对坐标首尾连接起来，形成一个环。

5）所有节点坐标采集完成后，单击设备的返回键，回到属性信息采集界面。

6）编辑一个相对坐标点。从列表中选中一个要进行编辑的相对坐标点，出现对节点坐标的操作界面，可进行详情、编辑、删除操作。

7）探洞、探井相对坐标采集方法与探槽完全一致，仅在壁别的选择上有区别。探洞的壁别有左壁、右壁、顶拱、掌子面4类供选择；探井壁别选择有一壁、二壁、三壁、四壁4类供选择。

（3）移动端查看展示图的操作步骤。以下以查看探槽展示图为例说明在移动端查看展示图的操作步骤（图6.4-53）。

图6.4-53 移动端查看探槽展示图操作步骤

1）单击主页界面的【数据管理】进入数据类别列表界面。

2）单击数据类别列表界面的【探槽】，进入探槽信息列表界面。

3）单击需要查看展示图的探槽，出现操作界面，选择【详情】，进入探槽基本信息界面，点击【展示图】，即可查看所选探槽的展示图。

4）单击展示图界面右下角的【下一张】，查看另一分段的展示图。

6. 数据管理

移动端的数据管理主要是指在移动端对采集的勘察数据进行查询、增加、删除、编辑等操作。

在主页界面单击【数据管理】，进入数据列表界面；在数据类别列表界面显示地质测绘类数据的一级信息（地质点）、二级信息（产状、素描、拍摄点等）以及勘探类数据的一级信息（钻孔、探坑、探槽等）。Android 数据管理界面见图 6.4 - 54。

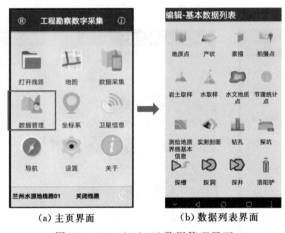

（a）主页界面 （b）数据列表界面

图 6.4 - 54　Android 数据管理界面

增加数据操作。点击数据列表界面的任意一种数据类别，进入该数据类别已经采集的信息列表界面，单击界面下方的【增加】按钮，进入该类别详细信息录入界面，可以完成选中类别新信息的采集任务，单击【保存】，回到采集信息列表界面，新采集的信息在列表最下面，要添加的信息自动继承所选的数据的编号。以下以钻孔为例进行说明（图 6.4 - 55）。

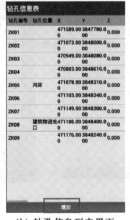

（a）数据列表界面　（b）钻孔信息列表界面　（c）钻孔详细信息录入界面　（d）钻孔信息列表界面

图 6.4 - 55　增加数据操作

在勘察信息列表界面，点击其中一条信息，出现包含详情、编辑、删除、子表的选择操作界面（图 6.4 - 56）。

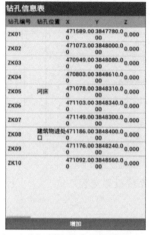

（a）钻孔信息列表界面　　　　　　（b）数据操作选项

图 6.4 - 56　采集信息进行选择操作界面

（1）详情：用于查看该数据的具体属性信息。其中，拍摄点可以查看照片，素描点、探坑和探槽可以查看素描图，探槽、探洞、探井可以查看展示图。

（2）编辑：用于修改、增加、删除该数据的属性信息。其中，拍摄点可以修改、增加、删除照片，素描点、探坑和探槽可以修改、增加、删除素描图，探槽、探洞、探井可以修改、增加、删除展示图。

（3）删除：单击【删除】按钮出现提示对话框，提醒用户是否删除该数据，单击【确定】删除该条数据，单击【取消】则取消删除该条数据。如果删除的信息包含子信息，删除时连同子信息一同删除，删除操作需慎重。

（4）子表：单击【子表】，进入到该数据表的子表数据列表，用户选择指定的子表数据选项，进入该子表已经采集信息的列表界面，该界面下方有【增加】按钮；单击其中一条信息，出现包含详情、编辑、删除、子表的操作界面，与上级信息操作完全相同。

7. 系统设置

在主页界面，单击【设置】按钮，进入系统设置界面，主要进行 GNSS 开关、是否记录轨迹、图层样式大小等设置，设置完毕后，单击返回按钮，回到主页界面。Android 系统设置流程见图 6.4 - 57。

系统设置界面功能介绍如下：

（1）打开 GNSS。勾选上该功能系统才能接受到 GNSS 信息，进行 GNSS 定位服务。默认为勾选。

（2）显示位置信息。勾选上该功能可以在地图界面的标题栏中显示 GNSS 信息，包括卫星颗数、位置坐标和卫星精度。默认为勾选。

（3）记录轨迹。勾选上该功能可以实时地记录用户的轨迹信息，配合第六项的"记录轨迹距离间隔"，每隔一段距离系统可以保存用户的位置信息从而记录该用户的行走轨迹。

（a）主页界面　　　　　　（b）系统设置界面

图 6.4 - 57　Android 系统设置流程

默认没有勾选。

（4）当前位置居中。勾选上该功能可以在地图界面上实时更新用户的当前位置，在地图上以红色小旗标识用户的实时位置变化。默认为勾选。

（5）采集时间间隔。设置用户需要 GNSS 采集坐标的时间间隔。默认为 1s 间隔采集 1 次坐标。

（6）记录轨迹距离间隔。设置记录轨迹的距离间隔，默认为 1m。

（7）图层样式大小。设置图层样式的大小，默认为 50pt。

（8）图层标注大小。设置图层标注的大小，默认为 10pt。

6.4.3　桌面端数据处理

桌面端数据处理是将野外移动端采集到的勘察数据导入到电脑上，将不同勘察任务的线路数据进行编辑、汇总等操作。

6.4.3.1　线路数据导入

将移动设备中外业采集的数据导入到桌面端项目的线路中。在执行移动设备线路数据导入前，须先利用手机助手将数据导入到计算机上，再执行该操作。操作步骤如下：

（1）在项目状态下，依次单击菜单【线路管理】→【手持机到桌面】（图 6.4 - 58）。

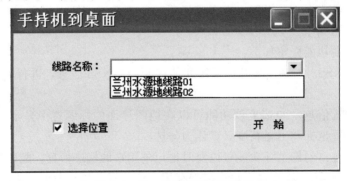

图 6.4 - 58　手持机到桌面界面

（2）选择线路名称，单击【开始】按钮。

6.4.3.2 线路数据汇总

将线路中的数据汇总到项目中。操作步骤如下：

（1）在项目状态下，依次单击菜单【线路管理】→【线路数据汇总】（图6.4-59）。

（2）选择线路名称（可多选）。

（3）单击【汇总】按钮。

6.4.3.3 勘察数据补录

主要用于在室内增加勘察数据。有3种路径，第一种是在菜单栏单击【新增测绘数据】或【新增勘探数据】，选择相应的类别进行勘察数据的添加；第二种是利用界面右侧的快捷菜单，选择相应的类别进行数据添加；第三种是利用数据管理中的添加按钮。前两种添加路径方法类似，步骤如下：

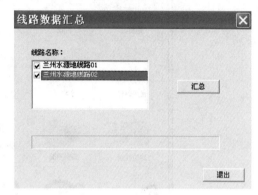

图6.4-59 线路数据汇总界面

（1）在菜单中单击相应类型的菜单项（【新增测绘数据】/【新增勘探数据】）或点击地图右侧相应的工具按钮（图6.4-60），在状态栏左侧显示当前命令状态。

（2）在地图中相应位置单击或绘制图形（地质界线双击结束）。

（3）完成后，在弹出的对话框中填写要素属性值，单击【确定】按钮，回到地图界面。

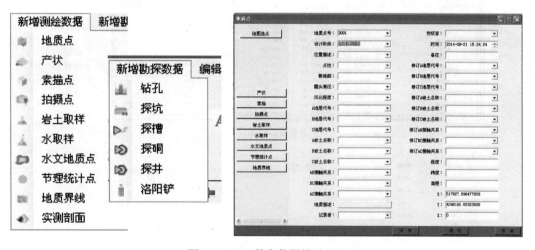

图6.4-60 勘察数据补录流程

6.4.3.4 数据管理

数据管理主要是对所采集数据根据分类进行查询、添加、编辑、删除，或将以一定格式录入Excel数据表的勘察数据导入到项目中。

依次单击【数据管理】→【数据列表】，进入勘察数据类型界面；选择一种勘察类型，进入选中勘察类型的列表界面，数据列表上方是查询、添加、编辑等工具选项，选择【添加】或【编辑】，进入数据编辑界面（图 6.4－61）。

（a）勘测数据类型界面

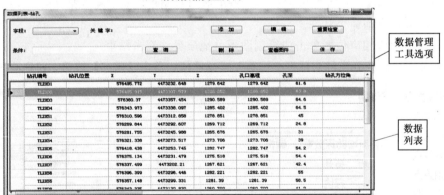

（b）数据列表界面

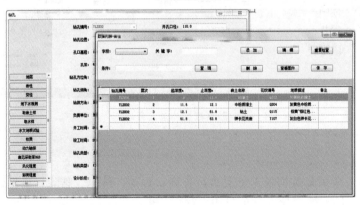

（c）数据编辑界面

图 6.4－61　数据管理界面

（1）查询操作步骤。

1）在数据列表界面，选择要查询的字段，在关键字栏输入查询关键字。

2）手动输入或修改查询条件语句。

3）单击【查询】按钮，列表中显示符合条件的项。

4）在列表中选择 1 条记录。

5）单击【编辑】按钮，或直接双击鼠标左键，进入数据编辑界面。

（2）查询子表信息操作步骤。

1）单击左侧的子表名称，进入相应的数据列表。

2）如果还有子表，则按照上述流程依次查看。

（3）添加操作步骤。

1）在"数据列表"界面，单击【添加】按钮。

2）在"数据编辑"界面填写详细信息。

3）如果有坐标信息，单击左侧的【地图选点】或【地质界线】，选择地图窗口，选择点或绘制线，坐标自动关联到当前记录。

4）单击【保存】或【确定】按钮，以保存记录。

（4）编辑操作步骤。

1）在数据列表中，选择 1 条记录。

2）单击【编辑】按钮，或者直接双击鼠标左键。

3）在"数据编辑"界面，修改各字段值。

4）单击【保存】或【确定】按钮。

（5）删除操作步骤。

1）在数据列表中，选择要删除的记录。

2）单击【删除】按钮。

3）根据提示确认是否删除。

（6）重复检查操作步骤。

1）在数据列表界面中单击【重复检查】按钮。

2）如果有重复编号则提示重复的记录。

（7）查看图件操作步骤。

1）选择要查看图件的记录。

2）单击【查看图件】按钮。

3）如果该类要素可以生成图件，则生成原始图件并显示。

（8）照片编辑操作步骤。拍摄点、实测剖面、钻孔具有照片，在"数据编辑"界面，单击【照片】按钮，在弹出的窗口中会预览当前照片，也可进行添加、删除、修改说明信息等操作。

1）添加操作步骤：单击【添加】按钮，选择要添加的图片（可多选），单击【打开】按钮。

2）删除操作步骤：通过单击【上一张】、【下一张】定位到要删除的照片；单击【删除】按钮，根据提示，确认是否删除。

3）修改说明：通过单击【上一张】、【下一张】按钮，定位要修改的照片；在下方的照片说明框中，修改照片说明信息，当前窗口关闭后会自动保存说明信息。

（9）Excel 导出与导入。为了消除 GNSS 定位误差，在大比例尺工程勘察中，需要借助高精度专业测量仪器对勘察点进行定位，先将导出的 Excel 格式的勘察数据进行坐标替换，再将 Excel 表中的勘察数据批量导入到当前项目数据库中，如果有对应图层，则自动生成地图要素。也可以采用先导出 Excel 格式的数据，在 Excel 中编辑相应数据后，再导入系统中。

1）Excel 格式数据导出操作步骤（图 6.4－62）：

a. 依次单击菜单【数据输出】→【导出 Excel】，选择需要编辑的勘察类别。

b. 选择导出文件的存放目录，单击【确定】按钮。

c. 导出完成后，提示完成。

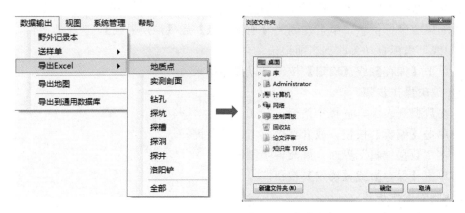

图 6.4－62　Excel 格式数据导出操作步骤

2）Excel 格式数据导入操作步骤（图 6.4－63）：

a. 依次单击菜单【数据管理】→【Excel 导入】。

b. 选择要导入的 Excel 文件，单击【打开】按钮。

c. 导入完成后，提示完成。

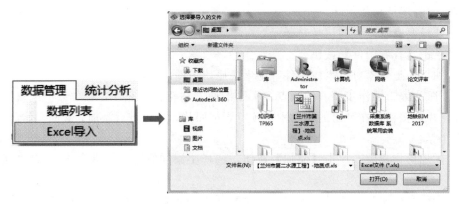

图 6.4－63　Excel 格式数据导入操作步骤

注意：要导入的 Excel 文件数据格式须符合相应的数据模板，建议先导出标准模板，进行数据编辑后，再导入系统中。

6.4.3.5 图形编辑

图形编辑主要是对采集的图形数据进行编辑，包括点、线、面间的属性传递等。实际材料图经过编辑形成地质平面图。

编辑流程指在一个"开始编辑"和"停止编辑"之间的编辑操作，所有的编辑操作都必须在此流程中进行。若要开始编辑，依次单击工具栏上的【编辑器】→【开始编辑】，在弹出的对话框中选择"地图"数据（图 6.4-64）。同样的，单击【编辑器】→【停止编辑】以结束编辑流程。

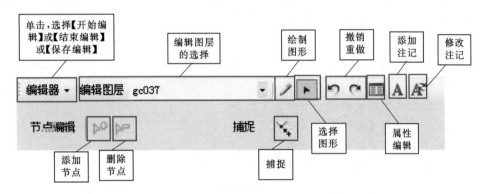

图 6.4-64 编辑工具说明

（1）绘制图形。绘制图形要素并添加到当前编辑图层中。操作步骤如下：

1）在工具栏"编辑图层"列表中选择要编辑的图层。

2）单击工具栏上的绘图工具。

3）在地图上绘制图形，双击鼠标左键完成操作。

绘图完成后不会自动要求填写字段值，如果要编辑字段值，请使用编辑属性工具。

（2）编辑图形。移动图形或图形中某一节点的位置，操作步骤如下：

1）在工具栏中选择要编辑的图层。

2）单击选择工具栏上的编辑工具。

3）在地图上选择要编辑的图形。

4）移动图形：选定图形后，鼠标移动到图形上，出现移动光标后，可按住鼠标左键，将图形移动到任意位置。

5）移动节点：选定图形后，在图形上双击鼠标左键，待显示出图形节点后，将光标移动到要编辑的节点上，拖动节点到任意位置。

6）完成对当前图形的编辑，在地图任意非当前图形位置处单击即可。

（3）节点编辑。增加或删除当前编辑图形的节点。操作步骤如下：

1）选择要编辑的图层。

2）在地图上选择要编辑的图形。

3）单击选择工具栏上的节点编辑工具。

4）增加节点或删除节点工具，选择工具后图形节点会显示出来。

5）增加节点：在图形上某 2 个节点之间的位置处点击，以增加 1 个节点。

6）编辑图形节点要求当前编辑图层与所选要素图层一致，否则，节点编辑工具将不可用。

（4）编辑属性。修改并保存要素字段值。

1）在地图上选择要编辑的要素。

2）单击工具栏上的属性编辑工具。

3）在弹出的对话框中选择要编辑的要素，修改要素字段值。

4）完成一个要素的编辑后，单击【保存】按钮。

（5）撤销和重做。撤销编辑或重做编辑。单击工具栏上的【撤销】或【重做】按钮，如果有可以撤销或重做的操作，则执行。该操作必须在一个编辑流程内进行，停止编辑后，将不可使用。

（6）复制图形。将所选要素复制到指定图层的某一位置，要素的属性将不会被复制。操作步骤如下：

1）在地图上选择要复制的一个或多个图形。

2）依次单击菜单【编辑】→【复制图形】。

3）在地图上单击要复制到的位置。

4）选择要复制到的图层，单击【确定】。

选择复制图形工具后，没有取消图形选择的情况下，可连续操作。

（7）复制属性。将所选要素的字段值复制到另一个要素中，将相同字段名的字段值复制到另一个要素中。

1）在地图上选择要复制属性的一个要素。

2）依次单击菜单【编辑】→【复制属性】。

3）在地图上单击要复制到的要素。

（8）分割线。按照指定的点将线分割成两部分，要素的字段值也同时保留。操作步骤如下：

1）在地图上选择要分割的线要素。

2）依次单击菜单【编辑】→【分割线】。

3）单击线上要分割的位置。

分割后生成的两段线与所分割线处于同一图层。

（9）平滑线。将所选图形，按照一定的原节点生成为样条曲线，将样条曲线变为平滑线图形。操作步骤如下：

1）在地图上选择要平滑的线。

2）依次单击菜单【编辑】→【平滑线】。

3）输入最大间隔，单击【确定】。

（10）翻转线。将线的起点和终点对调，线图形不做任何变化。操作步骤如下：

1）在地图上点击要翻转的线。

2）依次单击菜单【编辑】→【翻转线】。

若要判断线的起点或终点，选择编辑工具，在图形上双击以显示节点，红色节点为"终点"，另一端点位"起点"。

（11）线构面。根据所选线要素生成面图形。操作步骤如下：

1）在地图上依次选择构成面所需的线。

2）依次单击菜单【编辑】→【线构面】。

3）选择生成面的图层，单击【确定】。

选择一条或多条线都可以进行线构面操作；生成面按照所选线的起点和终点收尾相连，不同的选择顺序或线的起点和终点，可能会生成不同的结果。

（12）面分割。将所选要素按照绘制的分割线，分割为两个面。

1）在地图上选择要分割的面要素。

2）依次单击菜单【编辑】→【面分割】。

3）在地图上绘制分割线，双击鼠标左键结束。

（13）节点抽稀。精简所选线的节点数量，起点和终点不变。

1）在地图上选择要编辑的线要素。

2）依次单击菜单【编辑】→【节点抽稀】。

抽稀距离单位默认为当前地图单位，一般是米。

（14）延伸线。将线延伸到所选线上。操作步骤如下：

1）在地图上选择要延伸到的线要素。

2）依次单击菜单【编辑】→【延伸线】。

3）在地图上单击要延伸的线。

延伸线是距离所点击位置最近的端点及其相邻的点构成的射线，与所选线的交点进行处理，如果没有交点则不执行。因此，在线的不同位置点击可能出现不同的结果；在没有取消选择的情况下，单击【延伸线】以后，上述第3）步可连续执行，1次点击，延伸1条线。

（15）修剪线。以所选线为分割线，将点击位置所处的部分"修剪"掉，原要素属性不变。操作步骤如下：

1）在地图上选择修剪用的线要素。

2）依次单击菜单【编辑】→【修剪线】。

3）点击要修剪的线的一部分（修剪线的一侧）。

要修改的线必须与修剪线相交；在没有取消选择的情况下，单击【修剪线】以后，上述第3步，可连续执行，每点击1次，修剪1条线。

（16）合并线。将所选线首尾相连合并成1条新的线图形并生成要素，新要素与原图形位于同一图层，并将保留第一个所选要素的字段属性。操作步骤如下：

1）在地图上选择要合并的线要素。

2）依次单击菜单【编辑】→【合并线】。

合并线根据所选线的起点终点收尾相连，如达不到所需效果，可首先对所选线进行"翻转线"编辑；所有参与合并的要素须位于同一图层，若要"加选"要素，可按住 Shift 键依次点击多个要素。

（17）重叠检查。检查所选图层中的所有要素，如果有图形完全相同的要素，则只保留 1 个，其余的相同要素删除掉。操作步骤如下：

1）依次单击菜单【编辑】→【重叠检查】。

2）选择要检查的图层，单击【确定】。

因需要对图层中的全部要素进行遍历，本操作可能耗时较长。

（18）添加注记。在注记图层中添加 1 个文本注记。操作步骤如下：

1）在工具栏上，单击【添加注记】工具。

2）在地图上相应位置单击鼠标左键。

3）在弹出的窗口中输入注记文字，并设置字体样式等。

4）单击【确定】按钮。

（19）编辑注记。移动注记位置，修改注记文字内容、大小、样式等属性。操作步骤如下：

1）单击工具栏上的【编辑注记】工具。

2）在地图上单击选择注记文字。

3）按住鼠标左键拖动文字到任意位置。

4）双击鼠标左键，在弹出的窗口中编辑注记内容、样式等属性，单击【确定】按钮。

6.4.4　桌面端成果输出

桌面端成果输出是对采集的勘察数据进行野外记录报告、实际材料图等原始资料以及节理统计、报表统计等统计成果的输出，并将勘察数据传递到工程勘察数据中心，为三维地质建模、专业分析计算软件提供数据支撑。

6.4.4.1　野外记录报告

野外记录报告包括勘察工作量统计、勘察数据、照片、素描图等，野外采集数据输出为 Word 文档格式。图文并茂（图 6.4-65）。输出的野外记录报告存放在项目文件夹下的"成果输出"→"野外记录本"中。输出野外记录报告的操作步骤如下：

（1）依次单击菜单【数据输出】→【野外记录本】。

（2）完成后，提示"输出完成"。

如果照片较多且分辨率较高时，形成的 Word 文档大于 500M，超出 Word 的软件限制，需要先用图片处理软件将照片分辨率变低。

6.4.4.2　送样单

将在外业采取的样品按编号和类别输出成 Word 格式的送样单，提交试验部门进行试验。输出的送样单存放在项目文件夹下的"成果输出"→"送样单"中。输出送样单的操作步骤如下（图 6.4-66）：

（1）依次单击菜单【数据输出】→【送样单】，选择需要输出的样品类别，样品类别包括岩样、土样、砂砾石样、水样。

（2）完成后，提示"输出完成"。输出的送样单见图 6.4-67～图 6.4-70。

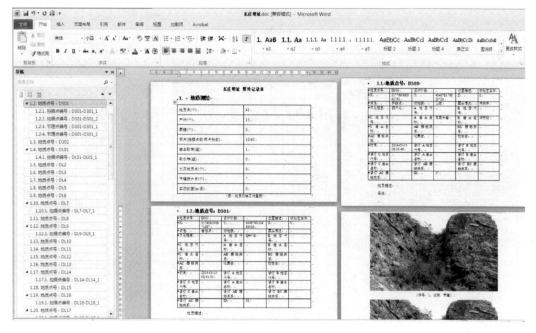

图 6.4-65　野外记录报告

6.4.4.3　实际材料图

新建或打开项目时默认为实际材料图页面，实际材料图文件名与项目名称一样。如果当前打开的是地质平面图，依次单击菜单【图件绘制】→【实际材料图】，打开实际材料图（图 6.4-71）。

实际材料图可以通过导出地图输出为 AutoCAD 的交换文件格式；再粘贴到原坐

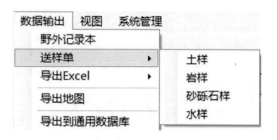

图 6.4-66　送样单输出界面

岩样送样单

表 QESC-10-1　　　试验依据（规程规范）：　　　　　　　　　　　　　　　　　　　　　编号：

项目名称：　　　盐环定 3 泵站　盐环定 3 号泵站　　　　　　　　　　　　　第 1 页　共 1 页

钻孔/试坑编号	样品野外编号	取样深度(m)	取样日期	样品是否符合要求	样品类型及数量			密度		含水率	吸水率	颗粒密度	抗压强度		抗拉强度		弹模		冻融	声波	三轴	点荷载	膨胀	崩解	碱活性	硫酸盐及硫化物含量	磨片鉴定	备注
					钻孔岩样	方块样	数量	自然	干				自然	干	自然	干	饱和	自然										
D1	Y301		2016-05-08			*	1																					
D1	Y302		2016-05-08			*	1																					
D2	Y303		2016-05-08			*	1																					
D2	Y304		2016-05-08			*	1																					

送样单位：　　　　　送样人：　　　　　送样日期：　　　　　要求完成时间：

收样单位：　　　　　收样人：　　　　　收样日期：　　　　　试验样品领取人：　　　　　领样日期：

图 6.4-67　岩样送样单

土样送样单

表 QESC-10-2   试验依据（规程规范）：   编号：

项目名称： 盐环定 3 泵站 盐环定 3 号泵站   第 1 页   共 5 页

钻孔/试坑编号	样品野外编号	取样深度(m)	取样日期	样品是否符合要求	样品类型及数量 原状	样品类型及数量 散状	数量	密度	含水率	比重	液限	塑限	相对密度	直剪 击实	压缩	渗透	固结	直剪 快剪	直剪 固结快剪	三轴 固结慢剪	三轴 C_u	三轴 C_u	膨胀 膨胀率	膨胀 膨胀力	自由膨胀率	pH值	易溶盐	硅铁铝氧化物含量	烧失量	粘土矿物成分	有机质含量			备注
CSZK301	CSZK301_1	2-2.45	2016-04-30			*	1																											
CSZK301	CSZK301_2	4.0-4.45	2016-04-30			*	1																											
CSZK301	CSZK301_3	6.0-6.45	2016-04-30			*	1																											
CSZK301	CSZK301_4	8.0-8.45	2016-04-30			*	1																											
CSZK301	CSZK301_5	10.0-10.45	2016-04-30			*	1																											
CSZK301	CSZK301_6	12.0-12.45	2016-04-30			*	1																											
CSZK302	CSZK302_1	2-2.45	2016-04-30			*	1																											
CSZK302	CSZK302_2	4.0-4.45	2016-04-30			*	1																											
CSZK302	CSZK302_3	6.0-6.45	2016-04-30			*	1																											
CSZK302	CSZK302_4	8.0-8.45	2016-04-30			*	1																											
CSZK302	CSZK302_5	10.0-10.45	2016-04-30			*	1																											
CSZK302	CSZK302_6	12.0-12.45	2016-04-30			*	1																											

送样单位：   送样人：   送样日期：   要求完成时间：
收样单位：   收样人：   收样日期：   试验样品领取人：   领样日期：

图 6.4－68 土样送样单

砂砾石样送样单

表 QESC-10-3   试验依据（规程规范）：   编号：

项目名称： 黄河下游孟津堤防   第 1 页   共 6 页

钻孔/试坑编号	样品野外编号	取样深度(m)	取样日期	样品是否符合要求	样品类型及数量 原状	样品类型及数量 散状	数量	砂 颗粒分析	砂 含泥量	砂 轻物质含量	砂 堆积密度	砂 表观密度	砂 云母含量	砂 活性骨料含量	砂 有机质含量	砂 硫酸盐及硫化物含量	砂 泥块含量	砾石 颗粒分析	砾石 针片状含量	砾石 软弱颗粒含量	砾石 活性骨料含量	砾石 轻物质含量	砾石 堆积密度	砾石 天然密度	砾石 坚固性	砾石 表观密度	砾石 含水率	砾石 含泥量	砾石 有机质含量	冻融损失率	备注
D1	TY301		2016-05-08			*	1																									
D1	TY302		2016-05-08			*	1																									
D1	TY303		2016-05-08			*	1																									
D1	TY304		2016-05-08			*	1																									

送样单位：   送样人：   送样日期：   要求完成时间：
收样单位：   收样人：   收样日期：   试验样品领取人：   领样日期：

图 6.4－69 砂砾石样送样单

标，将采集的勘察数据转换到 CAD 中，操作步骤如下（图 6.4－72）：

（1）依次单击菜单【数据输出】→【导出地图】。

（2）选择保存位置和文件名称，单击【保存】按钮。

在实际材料图的状态，依次单击菜单【图件绘制】→【地质平面图】，进入地质平面图状态（图 6.4－73）；利用图形编辑功能进行图件的绘制，详见本书 6.4.3.5 的内容。

第一次打开地质平面图时，会添加实际材料图中的所有图层以生成地图，并继承实际材料图中的图层样式。地质平面图文件名称为项目名称后加"GP"。

水样送样单

表 QESC-10-4　　　　工区名称：　　　　　　工程项目：盐环定3泵站

试验依据（规程规范）：

送样单编号：　　　　送样日期：　　年　月　日　　　　共1页 第　页

地质点/钻孔编号	取样点 样品编号	采样深度(m)	采样方法	取样日期	样品封闭情况	水样物理性质				水样数量(L)	加保护剂情况	试验项目			试验要求及其他
						透明度	味	色	嗅			全分析	简分析	特殊项目	
D1	SY301	0		05-08						1.5	加				
D1	SY302			05-08						1.5	有				
D1	SY303			05-08						1.5	有				
D1	SY304			05-08						1.5	有				

送样单位：　　　　　　送样人：　　　　　　　　要求完成时间：

收样单位：　　　　　　收样人：　　　　　　　　收样日期：

试验样品领取人：　　　　　　　　　　　　　　　领样日期：

　　注：1. 此单一式2份，1份送样单位自存，1份随样品送交收样单位。

图 6.4-70　水样送样单

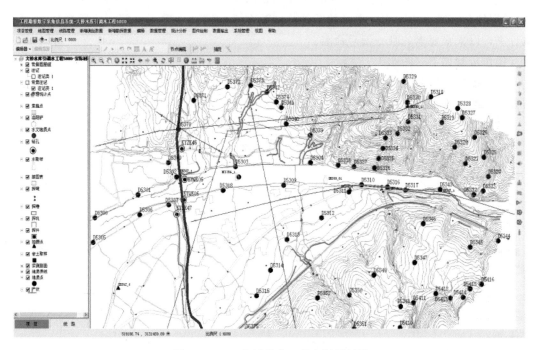

图 6.4-71　大桥引水工程实际材料图

6.4.4.4　展示图、柱状图、实测剖面图

利用野外采集的勘察数据，系统可批量、自动生成或经过编辑形成的符合制图标准的 GIS 图件，并可根据需要将图件输出为 dxf 格式的文件。

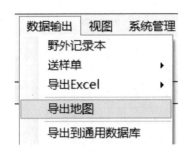

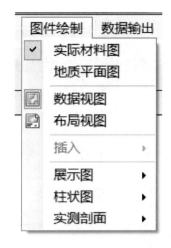

图 6.4-72 导出 CAD 地图界面   图 6.4-73 转换地质平面图操作界面

展示图有探洞展示图、探槽展示图、探井展示图，柱状图有钻孔柱状图、探坑柱状图、洛阳铲柱状图，实测剖面图有实测剖面图和地层柱状图。

生成的展示图、柱状图和实测剖面等原始图件存放在项目文件中的"成果输出"→"原始图件"文件夹中，不同类型的图件分别放在不同的文件夹下，每个原始图件为 1 个文件夹，以采集要素的唯一编号命名。

操作步骤如下（图 6.4-74）：

（1）依次单击菜单栏【原始图件】→【展示图】/【柱状图】/【实测剖面图】，选择需要绘制的要素类型。

（2）选择要素编号，单击【确定】按钮，进入地图查看窗口。

（3）在地图查看窗口，可进行与地图一样的缩放、平移、量算等操作。

（4）单击右上角的【导出】，选择保存位置和文件名称，可以将图件输出为 dxf 格式。

（5）如果图件中的文字大小和位置需要调整，可使用工具栏中的添加注记和编辑注记功能进行修改。

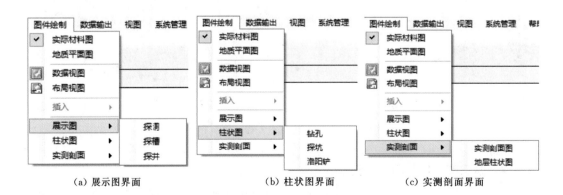

(a) 展示图界面   (b) 柱状图界面   (c) 实测剖面界面

图 6.4-74 展示图/柱状图/实测剖面图操作界面

原始图件根据采集数据自动生成，缺失或错误的数据可能导致生成结果不正确；多次查看同一要素的原始图件，在成果输出文件夹中会生成多个文件夹（图件），每个原始图件以数字序号结尾，这些文件夹不会自动删除，系统维护时，可定期删除，不会影响系统使用。

6.4.4.5　节理统计

节理统计对于研究岩体特性、揭示岩体的破坏机理、分析岩土工程的稳定性具有较大意义，节理统计图的绘制是节理统计最基本的方法之一。本系统可实现对同一类型或不同类型要素的节理进行综合统计、成图、输出报表。统计图包括倾角直方图、倾向玫瑰图、走向玫瑰图、极点图、等密度图、赤平投影图，其中，赤平投影图是按照手工录入数据进行成图。系统还提供了对间距、张开度、延伸长度等节理其他指标的统计。

（1）节理统计图操作步骤（图6.4-75）。

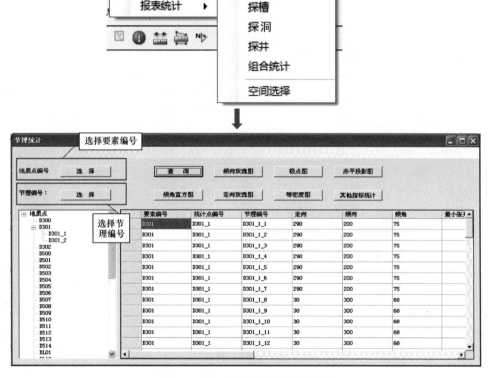

图 6.4-75　节理统计图操作步骤

1）依次单击菜单【统计分析】→【节理统计】，选择勘察点的类型，包括节理统计点、探槽、探洞、探井，还可以对勘察点的节理进行组合统计。

2）选择要素编号。

3）选择节理编号。

4）单击【查询】按钮，在查询列表中对不合适的内容，可以单击右键进行删除，不影响数据库内容。

5）点击要查看的统计类型按钮，查看节理统计图。节理统计图包括走向玫瑰图、倾向玫瑰图、极点图、等密度图、倾角直方图（图 6.4-76～图 6.4-80）。

6）在统计图查看窗口，单击【保存】，选择保存位置，单击【确定】按钮，将图保存为单独文件。

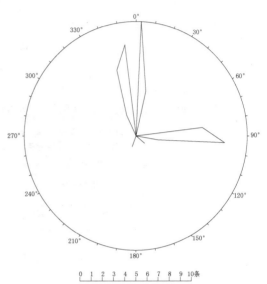

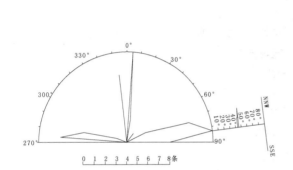

图 6.4-76　走向玫瑰图

图 6.4-77　倾向玫瑰图

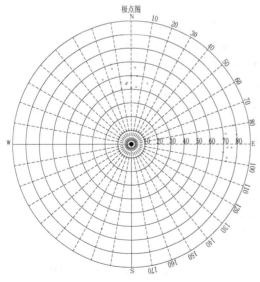

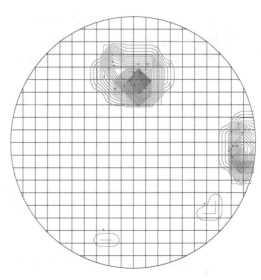

图 6.4-78　极点图

图 6.4-79　等密度图

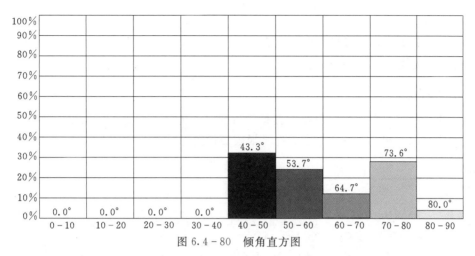

图 6.4-80 倾角直方图

（2）赤平投影图操作步骤。根据输入的节理信息，绘制赤平投影图。其中，边坡以蓝色线表示，红色线表示一般节理，最多可输入 10 条节理信息。

1）在节理统计界面单击【赤平投影图】按钮，进入赤平投影图绘制界面（图 6.4-81）。

2）输入边坡和节理的倾向、倾角信息。

3）根据需要调整网格密度数值。

4）单击【绘图】按钮，生成赤平投影图。

5）单击【保存】按钮，选择保存位置；单击【确定】按钮，将图保存为单独文件。

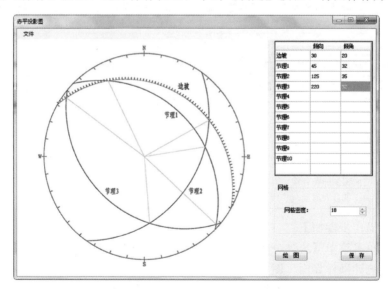

图 6.4-81 赤平投影图绘制界面

（3）其他指标统计操作步骤。对所选节理的间距发育程度、张开度分级、延伸长度分级进行分类统计，并将结果输出为 Excel 报表文件，3 个统计结果保存在 1 个 Excel 文件的 3 个工作表中。操作步骤如下：

1）在节理统计界面单击【其他指标统计】按钮，进入其他指标统计界面，其他指标统计结果见图 6.4-82。

2）单击【文件】→【导出】，选择保存位置单击【保存】按钮，统计结果输出为 Excel 格式的文件。

6.4.4.6 报表统计

报表统计主要是对采集的勘察数据根据所选要素进行工作量、钻孔和探洞的特定指标统计，并将结果输出为 Excel 报表文件。报表统计指标见表 6.4-3。

表 6.4-3 报 表 统 计 指 标

统计项	统 计 指 标
工作量	项目中全部采集数据的工作量，结果包括：地质点数、钻孔孔深、钻孔数量、探洞数量
钻孔地下水位	钻孔的水位埋深、水位高程、坐标
钻孔覆盖层	钻孔编号、覆盖层起深度、覆盖层止深度、覆盖层厚度、底部高程、坐标
钻孔地层厚度	查询统计每一个所选钻孔的地层信息，统计结果包括：钻孔编号、地层代号、地层起深度、地层止深度、层底高度、地层厚度
地层厚度	统计所有选择钻孔中的所有相同地层代号的地层进行统计，包括：地层代号、组数、最大值、最小值、平均值
钻孔压水试验	钻孔编号、起止深度、吕容值
动探	对所选钻孔的动探数据，按照岩层进行分组统计，包括地层代号、层次（岩层）、岩土名称、组数、最大值、最小值、平均值、标准差、变异系数、修正系数、标准值
标贯	与动探的统计类似，对所选钻孔的标贯数据，按照岩层进行分组统计，包括地层代号、层次（岩层）、岩土名称、组数、最大值、最小值、平均值、标准差、变异系数、修正系数、标准值
钻孔风化程度	对所选钻孔的风化按照程度不同，统计起止深度和厚度
钻孔卸荷程度	同钻孔风化程度，按照卸荷的程度进行起止深度和厚度的分类统计
钻孔 RQD 值	对所选钻孔的 RQD 值按照地层进行分组统计，统计结果包括地层代号、组数、最大值、最小值、平均值
钻孔采取率	同钻孔 RQD 值，对采取率按照地层进行分组统计，统计结果包括：地层代号、组数、最大值、最小值、平均值
探洞卸荷程度	对所选探洞的卸荷按照不同的程度进行分类统计，结果包括每一种类卸荷的止桩号和厚度
探洞风化程度	同探洞卸荷程度，对所选探洞的风化按照不同的程度进行分类统计，结果包含每一种类的风化的止桩号和厚度

报表统计操作步骤如下：

（1）依次单击菜单【统计分析】→【报表统计】，选择查询方式，条件查询或空间选择，进入报表统计操作界面（图 6.4-83）。

（2）在工具栏上单击相应的按钮，根据提示选择要素编号，单击【确定】按钮，结果会显示在列表中。

（3）单击【文件】→【导出 Excel】菜单，选择保存位置和文件名称，单击【保存】按钮。

（4）如果使用空间选择的方式，需首先在地图中选定相应的要素，然后单击菜单进行统计。

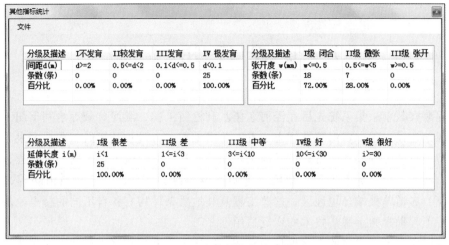

图 6.4-82　其他指标统计结果

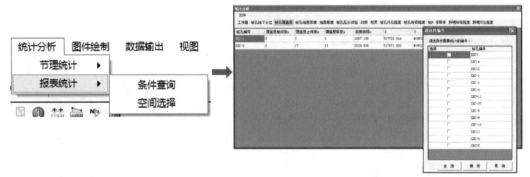

图 6.4-83　报表统计操作步骤

6.4.4.7　数据接口

数据接口是指将项目数据库中的所有采集信息输出到指定的工程勘察数据中心，为后期的三维地质建模、分析计算提供数据，实现数据的一次录入多次利用。

项目数据库中的所有采集信息输出到指定的工程勘察数据中心中。工程勘察数据中心需要计算机连接网络才能操作。操作步骤如下：

（1）依次单击菜单【数据输出】→【导出到工程勘察数据中心】，进入属性数据库连接界面（图 6.4-84），输入连接网络数据库需要信息。

（2）单击【测试连接】，检查是否连接成功。

（3）单击【确定】按钮，开始导出。连接属性数据库界面，在服务器项先输入 IP 地址，后面紧跟着端口号，中间用逗号隔开。

图 6.4-84　属性数据库连接界面

7 工 程 应 用 实 例

工程勘察数字采集系统先后在泾河东庄水利枢纽工程、黑河黄藏寺水利枢纽工程、兰州市水源地建设工程、黄河下游"十三五"防洪工程、古贤水利枢纽工程、宝泉景区工程等大中型项目的工程勘察中得到广泛应用，涵盖水利水电枢纽工程、引调水工程、河道治理工程、灌区工程、地下工程、地质灾害调查等多种工程类型，涉及高山峡谷、戈壁沙漠、高原、赤道等极端环境地区。这些工程及其地质条件均有各自不同的特点，从不同侧面验证了工程勘察数字采集技术的广泛适用性。

本章以 4 个不同类型的工程项目为实例，阐述工程勘察数字采集技术在实际工程勘察中的应用情况。

7.1 兰州市水源地建设工程中的应用

7.1.1 工程概况

兰州市水源地建设工程的建设任务是城市供水，即引刘家峡水库优质水源，向兰州市中心城区等地区供水，并作为兰州新区应急备用水源，为兰州新区城市人口用水提供安全保障。

工程包括取水口、输水隧洞主洞、分水井、芦家坪输水支线、彭家坪输水支线及其调流调压站、芦家坪水厂和彭家坪水厂等。输水隧洞主洞全长 31.57km，其前段约 4.8km 位于临夏回族自治州东乡县境内，在约 4.8km 处穿越洮河后进入永靖县境内，隧洞途径三条蚬乡和徐顶乡，在约 28.8km 处进入兰州市西固区柳泉乡境内。距离取水口首部 31.57km 的输水隧洞主洞末端设置分水井。芦家坪输水支线长约 1.25km，为分水井至芦家坪水厂的输水线路。彭家坪输水支线长约 9.74km，为分水井至彭家坪水厂的输水线路，其调流调压站位于寺儿沟内、分水井下游约 100m 处。

该项目 2014 年 9 月开始可行性研究阶段的勘察设计工作，并于 2015 年 3 月进入初步设计阶段，2015 年 8 月 20 日正式开工建设。该工程前期勘察资料少，工期紧，线路长，地质勘察作业面分散，有些地段人烟稀少，交通不便。

在工程勘察过程中，充分利用了工程勘察数字采集技术的多元数据融合技术、实时定位技术、勘察数据数字化采集与管理的功能，实现了工程勘察信息的采集、管理和分析评价工作的一体化，取得了良好效果。

7.1.2 工程基本地质条件

兰州市水源地建设工程位于陇西黄土高原的西部，地貌特征属黄土高原丘陵沟壑区，主要以山地为主，其次是黄土梁峁沟谷地和河谷盆地，部分工程区属于无人区。

地层岩性主要有前震旦系马衔山群（$AnZmx_4$）黑云石英片岩、角闪片岩，奥陶系上中统雾宿山群（$O_{2-3}wx_2$）变质安山岩、玄武岩，白垩系下统河口群（K_1hk_1）砂岩、泥岩、砂砾岩，新近系上新统临夏组（N_2l_1）砂岩、砂质泥岩夹砂砾岩和第四系（Q）风成黄土及松散堆积物，侵入岩主要为加里东期花岗岩、石英闪长岩。

工程场地位于祁连山断褶带的祁连中间隆起带部位，近场主要断裂为第四纪早中期或前第四纪活动断裂。隧洞沿线横穿马衔山北缘断裂带（F_3）、西津村断层（F_4）、寺儿沟断层（F_5）、雾宿山南缘断裂（F_8）四条断层，断层与洞线正交或者斜交，倾角较陡，主断层带一般由断层角砾岩及碎裂岩组成。F_3断层、F_4断层和F_8断层规模较大，宽度大于30m，断层带可能发生塌方、涌水、突泥等地质问题，是围岩稳定需要重点考虑的部位；寺儿沟断层（F_5）隐伏于黄土之下，断层埋深大，对线路影响较小。

7.1.3 应用情况

7.1.3.1 多源数据融合

兰州市水源地建设工程的背景地图资料有两类：①线路区1：1万AutoCAD的矢量地形图、建筑物区1：2000AutoCAD的矢量地形图，矢量地形图的图形格式 *.dwg，文件大小282M，涉及图层40多个，并含有CAD特有的图块。矢量地形图的坐标系为国家2000坐标系（CGCS2000），高斯-克吕格投影，3度分带，中央经线105°；②1：20万区域地质图影像图，图形格式是 *.jpg。影像地质图的坐标系为北京54坐标系，高斯-克吕格投影，6度分带。

两类图件的数据格式不同、坐标系统不同，需要将它们融合到一起、投影变换到统一的坐标系下才能进行使用。在前期数据处理中，充分利用了勘察数字采集系统的多元数据融合技术、二元要素类映射池技术的GIS与CAD空间数据转换功能，实现了两种不同数据格式、两种不同坐标系统的数据融合，为勘察数据的数字化采集提供了良好的支撑。

在地形图处理中，以大比例的矢量地形图为准，小比例尺的区域地质图仅作为重要的地质参考资料，选用CGCS2000坐标系，中央经线105°；AutoCAD矢量图按照原坐标系统直接导入，区域地质图需要先转换到CGCS2000坐标系。由于工期紧，测量控制点没有完全建好，北京54坐标系和CGCS2000坐标系文件无法进行精确转换，通过选择明显标志地物和简易测量点的方法，选用相同地物点和测量点在CGCS2000坐标系下矢量图的坐标读数，保证了统一坐标系下多种数据的融合。

在AutoCAD格式的矢量图与GIS格式的转换中，通过工程勘察数字采集技术中的二元要素类映射池技术（图7.1-1），实现了无损、快捷转换。桌面管理子系统中转换后的矢量图和配准后导入的影像在采集系统环境下图层、线型、颜色显示完好，完全满足工作要求，符合桌面端和移动端的相关要求（图7.1-2）。

由于地形图文件数据量大，共涉及33幅标准图幅的地形图，在AutoCAD环境下运行时，常因计算机性能影响而运行不畅，利用工程勘察数字采集系统，数据转换后，在不改变硬件配置的前提下，整个工程区的地图在系统中运转均非常流畅。

类型（CAD）	名称（CAD）	图层类型	图层名称	样式名称	颜色	大小（线宽）	边框颜色	备注
Layer	0	线	0	0	■	1	■	
Block	gc061	点	岸标	岸标		4		
Block	gc239	点	暗礁丛礁	暗礁丛礁		4		
Block	gc028	点	数包.经堆	数包.经堆		4		
Block	gc029	点	宝塔.经塔	宝塔.经塔		4		
Block	gc106	点	碑、柱、墩	碑、柱、墩		4		
Block	gc194	点	贝类养殖滩符号	贝类养殖滩符号		4		
Block	gc129	点	变电室	变电室		4		
Block	变电室	点	变电室	变电室		12	■	
Block	不依比例房	点	不依比例房	不依比例独立...		12	■	
Block	gc302	点	彩门、牌坊、牌楼	彩门、牌坊、...		4		
Block	gc123	点	菜地符号	菜地符号		4		
Block	gc928	点	草地	草地符号		4		
Block	草地2	点	草地	草地符号		12	■	
Block	草地2	点	草地2	高草地符号		12	■	
Block	gc121	点	草地符号	草地符号		4		
Block	gc122	点	成林符号	成林符号		4		

图 7.1-1　空间数据转换映射图

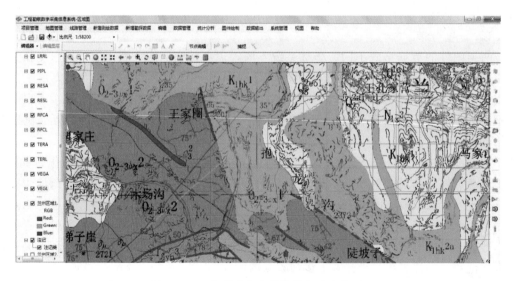

图 7.1-2　矢量数据与影像数据融合应用

工作过程中，不论是在野外移动设备采集子系统还是在室内桌面管理子系统，均可根据需要随时查看相关数据，利用 GIS 的特性查询功能查看背景地图的相关信息，以及采集的勘察数据的空间信息、属性信息、素描图及照片等信息，作业便捷，效率大幅提升，勘察信息查询界面见图 7.1-3。

该工程施工期通过使用工程勘察数字采集技术建立起来的工程勘察数据库，可以及时

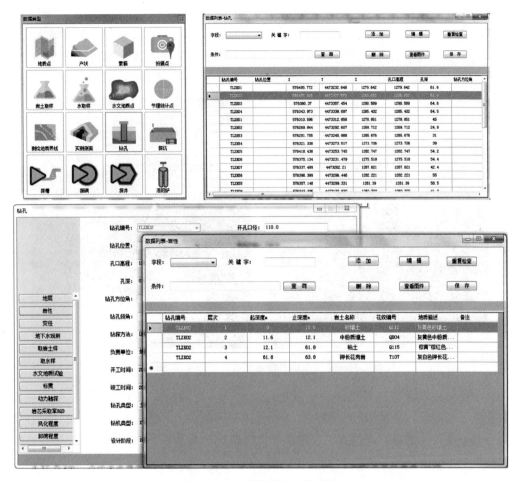

图 7.1-3 勘察信息查询界面

有效地查询检索输水管线沿线的地形地貌、地层结构、地质构造和地下水发育状况等基本地质信息,为两台 TBM 掘进过程中的掘进参数优化、不同类型管片预制、不良地质段的预判提供了有效的信息。

7.1.3.2 勘察数据数字化采集

兰州水源地建设工程输水隧洞主洞全长 31.57km,可研阶段布置了洞线 1∶10000 地质测绘、施工支洞洞线比选及天然建筑材料地质测绘工作,以及勘探取样、原位测试、现场试验、物探等工作,常规情况下至少需要一年左右的时间才能完成。但由于工程特殊要求,业主要求两个月内完成全部工程地质勘察工作并提交成果报告。

在时间紧、任务重的情况下,工程地质勘察中全面应用工程勘察数字采集技术,同时进行野外勘察数据采集和室内数据的整理分析。野外工作中采集系统移动端导航便利,定点高效,信息采集快捷精准,在较短时间内完成 1∶10000 地质测绘 50km²、1∶2000 实测地质剖面 5km、3025m 进尺的钻孔、600m² 坑槽探的外业工作。

集 GNSS 定位、地质描述、素描图、照相、数字罗盘等多功能于一体的智能化采集设备，替代了传统的外业人员工作必备的纸质地形图、记录本、铅笔、罗盘、GNSS、照相机等一系列野外作业装备，极大地提高了外业工作效率，为项目极速、保质提交设计成果提供了有效的技术支持，为项目的顺利立项提供了保证，兰州市水源地建设工程勘察现场作业见图 7.1 - 4。

图 7.1 - 4　兰州市水源地建设工程勘察现场作业

数字化采集时，设备 GNSS 定位与地形图实时关联的功能，在工程开工建设前期的建筑物放样和建设用地征地过程中发挥了极大优势，GNSS 定位与地形图的相互配合更加直观有效地解决了征地红线放样、征地面积量测等问题，为兰州市水源地工程建设的顺利推进提供了重要支撑。

7.1.3.3　勘察数据管理与应用

野外数字化采集工作获取了各个工程部位的数字化地质信息，这些信息标准、规范，在同步进行的内业资料整理工作中，为专业图件的自动绘制和工程地质问题分析计算等工作奠定了坚实的基础。内业工作内容如下：

首先是各类图件的绘制。工程地质专业的图件主要包括实际材料图、工程地质平面图、钻孔柱状图、工程地质剖面图。在桌面端或者综合基础信息平台利用采集到的数据进行自动绘图，将实际的工作量（如地质点、钻孔、探坑、探槽、探洞、探井、现场勾绘的地质界线、实测剖面、物探剖面等）展布在平面图上形成实际材料图；在实际材料图的基础上通过对地质点信息、野外勾绘的地质界线、钻孔、探洞、探坑、探槽、竖井等勘探点的地质资料综合分析，绘制完成工程地质平面图，主要包括地形地貌、地质时代、地层岩性、地质构造、物理地质现象等地质要素；将采集到的钻孔、节理统计数据导入综合基础信息平台批量生成钻孔柱状图、节理数数据统计图（如不同工程部位的节理玫瑰图、极点等密度图等）；将采集得到的数据导入综合基础信息平台，由地形图和采集的数据初步绘制工程地质剖面图，自动生成地表面线和勘探点的地质信息剖面图表达，在此基础上进行钻孔间地质界线的绘制，为工程地质剖面的剖切提供技术支撑。

其次是针对工程地质问题进行分析评价并提出处理措施。根据结构面统计数据与工程边坡的位置关系，评价边坡的工程地质条件、临空面楔形体的稳定性并提出支护措施；根据围岩强度、结构面、地下水等数据对地下洞室进行围岩分类、稳定性评价、TBM 施工条件评价及支护方案建议等。

有了采集数据的支撑，开展内业整理工作的效率得到显著提高，包括工程地质专业图件的绘制以及工程地质问题的分析评价等大量的任务都得以按时完成，降低了人力成本，缩短了劳动时间，提高了成果质量。

该工程目前正处于施工建设期，通过工程勘察数字采集系统建立起来的工程勘察数据库，可以及时有效地查询检索输水管线沿线的地形地貌、地层结构、地质构造和地下水发育状况等基本地质信息，为两台 TBM 掘进过程中的掘进参数优化、不同类型管片预制、不良地质段的预判提供了有效的信息。

7.2 泾河东庄水利枢纽工程中的应用

7.2.1 工程概况

泾河东庄水利枢纽工程位于陕西省礼泉县与淳化县交界的泾河下游峡谷段，坝址控制流域面积为 4.32 万 km²，占泾河流域面积的 95.1%，占渭河华县站流域面积的 40.6%。工程的开发任务是"以防洪减淤为主，兼顾供水、发电及改善生态环境"。枢纽主要建筑物由混凝土双曲拱坝、坝下消能水垫塘、引水发电建筑物等组成。坝型为混凝土双曲拱坝，最大坝高 230m，坝顶高程 800.00m，正常蓄水位 789.00m，水库总库容 30.62 亿 m³，初期运行最低水位 720.00m，死水位 756.00m。

7.2.2 坝址基本地质条件

东庄水利枢纽工程区地处渭北中部，地势整体上北高南低，坝址区河谷为 V 形谷，两岸基岩裸露，山坡陡峻，自然坡度 60°～75°，局部 75°～85°。平水期河水面高程 590.00m，水面宽 15～30m；正常蓄水位 789.00m 时，河水面宽 190～200m。

坝址区地层岩性主要有奥陶系中统马家沟组（O_2m）灰岩及各种成因的第四系松散堆积层（Q）。

坝址区揭露 5 条小断层，对工程影响较大的主要是 f_5、f_{55} 和 f_{56}。宽大裂隙主要有 L_{12}、L_{13}、L_{14}、L_{22} 和 L_{80} 等，倾角大多为 35°～64°，多为剪性裂隙，宽度一般为 2～3cm，最大 60cm，充填黏土及钙质土。其中 L_{22} 大裂隙沿裂隙溶蚀现象较严重，并有许多大小不等的串珠状、扁豆状溶洞，其中最大的为 K_1 溶洞。

东庄水利枢纽工程主体为 230m 高的双曲拱坝，主要的工程地质问题包括进出口高边坡的稳定性、拱坝坝肩稳定性、地下洞室围岩稳定问题等，需要调查灰岩中结构面，研究结构面的组合与边坡、坝肩、地下洞室之间的位置关系，从而分析不稳定组合体及支护措施和方案。

7.2.3　应用情况

针对东庄水利枢纽工程的主要工程地质问题，采用工程勘察数字采集技术对结构面进行信息采集，实现了勘察数据采集、三维地质建模及分析评价的一体化应用。作业过程分为准备工作、信息采集、结构面组合分析及三维地质建模三大步骤（图 7.2-1）。

准备工作包括测绘用的地形图整理及导入，新建线路文件，分发到每台采集设备。

信息采集主要包括地表节理统计点结构面信息采集、钻孔结构面信息采集和平洞结构面信息采集。

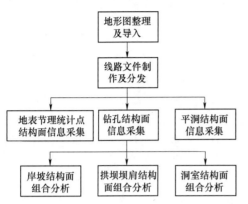

图 7.2-1　东庄水利枢纽工程结构面数据采集与应用作业流程

利用采集到的结构面信息，分别对岸坡、拱坝坝肩和地下洞室结构面进行统计，利用赤平投影功能进行结构面组合对边坡、坝肩的稳定性分析评价，并且通过数据的有效传递，利用第三方平台 ItasCAD 进行三维地质建模、Unwedge 对洞室围岩的不稳定块体进行分析评价工作。

7.2.3.1　工程边坡稳定性分析

（1）左右岸拱肩槽边坡发育统计。对采集到的信息进行统计可知边坡部位发育的主要结构面，左、右岸拱肩槽边坡发育的主要结构面统计分别见表 7.2-1、表 7.2-2。

表 7.2-1　　　　　　　　　　　　左岸拱肩槽边坡发育的主要结构面统计表

结构面类型	结构面编号	产　　状	分布高程
顺层大裂隙	L_7、L_8、L_9、L_{10}、L_{12}、L_{13}、L_{14}、L_{22}	$190°\sim225°\angle30°\sim50°$	主要分布在 760.00m 高程以下
夹泥裂隙	Lnj_1	$320°\sim350°\angle50°\sim655°$	贯穿左岸各高程
硬性结构面	J_2	$315°\sim335°\angle15°\sim35°$	主要分布在 735.00m 高程以上
	J_3	$330°\sim355°\angle25°\sim50°$	各高程相对零星分布
	J_4	$165°\sim195°\angle30°\sim55°$	主要分布在左岸 690.00m 高程以下
	J_6	走向 $40°\sim80°$ 为主，倾角 $60°\sim85°$	各高程相对零星分布

表 7.2-2　　　　　　　　　　　　右岸拱肩槽边坡发育的主要结构面统计表

结构面类型	结构面编号	产　　状	分布高程
顺层大裂隙	L_{22}、L_{12}、L_{14}、L_{16}、L_{18}	$190°\sim230°\angle22°\sim55°$	主要分布在 800.00m 高程以下
断层及夹泥裂隙	f_5、Rnj_1、Rnj_2、Rnj_3	走向与河流近于平行，倾向岸内，倾角 $56°\sim85°$	右岸不同高程
其他大裂隙	L_{60}	$280°\sim305°\angle20°\sim25°$	分布于 720.00~755.00m 高程

结构面类型	结构面编号	产 状	分布高程
硬性结构面	J_1	$255°\sim285°\angle15°\sim30°$	主要分布在 720.00m 高程以上
	J_3	$320°\sim350°\angle30°\sim50°$	720.00m 高程以下
	J_5	走向 $350°\sim25°$，倾向以 NWW 为主，倾角 $65°\sim80°$	坝线及偏下游部位的密集带内，带宽 15~25m，其他部位零星分布
	J_6	走向 $40°\sim80°$，倾向以 NW 为主，倾角 $60°\sim85°$	各高程相对零星分布

（2）左岸结构面与岸坡组合稳定性分析。左岸拱肩槽开挖后，对边坡稳定性起控制作用的结构面主要为 Lnj_1 夹泥裂隙和 L_{22}、L_{12} 等顺层大裂隙；硬性结构面 J_2、J_3、J_4 和 J_6 相互交切，对边坡的局部稳定性存在一定影响。左岸的结构面中，陡倾角的 Lnj_1、J_6 等主要作为后缘拉裂面，中-缓倾角的 L_{22}、L_{12}、J_2 等可作为底滑面。

左岸拱肩槽部位自然边坡在现状条件下整体稳定，仅局部强卸荷带内存在崩塌或掉块现象。拱肩槽开挖后，在开挖面范围内，由于空间位置关系，对边坡稳定性起控制作用的 Lnj_1 与 L_{22}、L_{12} 等相互组合，不构成不稳定楔形体。但控制性结构面与硬性结构面、硬性结构面之间相互组合，在拱肩槽局部存在形成不稳定楔形体的可能。

拱肩槽边坡局部潜在的失稳模式主要有 J_6-J_2 组合、J_6-L_{22} 组合、J_6-J_3 组合。J_6-J_2 组合对上、下游边坡均存在一定影响，主要位于 735.00m 高程以上，组合块体以 J_2 为底滑面，以 J_6 为侧裂面，以拱肩槽和河谷为临空面，存在向拱肩槽或河谷滑移的可能，左岸拱肩槽边坡 J_6-J_2 组合赤平投影见图 7.2-2。

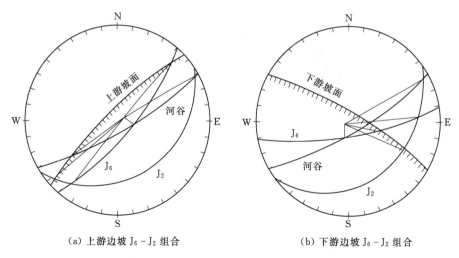

（a）上游边坡 J_6-J_2 组合　　　　（b）下游边坡 J_6-J_2 组合

图 7.2-2　左岸拱肩槽边坡 J_6-J_2 组合赤平投影

从图 7.2-2 中可以看出，J_6-J_2 组合对上下游边坡均存在一定影响，由于 J_6 产状为 $310°\sim350°\angle60°\sim85°$，倾向变化较大，当倾向为 $310°\sim330°$ 时，J_6 与 J_2 形成切割块体的交棱线倾向山外，偏向河谷上游，倾角小于坡角，存在向河谷方向发生滑动的可能；当倾向为 $330°\sim350°$ 时，J_6 与 J_2 形成切割块体的交棱线倾向山外，偏向河谷下游，倾角小于坡角，存在向河谷下游方向发生滑动的可能。但 J_2、J_6 均为硬性结构面，抗剪强度较高，块体是否产生滑动，需进行稳定性计算。

$J_6 - L_{22}$ 组合主要位于拱肩槽下游边坡，组合块体以 L_{22}、L_{12} 等顺层大裂隙为底滑面，以 J_6 为侧裂面，以拱肩槽和河谷为临空面，存在向下游滑移的可能（左岸拱肩槽下游边坡 $J_6 - L_{22}$ 组合赤平投影见图 7.2-3）。

从图 7.2-3 中可以看出，J_6 与 L_{22} 形成切割块体的交棱线倾向山外，偏向河谷下游，倾角小于坡角，存在向河谷下游发生滑动的可能，同时 L_{22} 为夹泥裂隙，抗剪强度较低，边坡开挖后是否发生楔形体滑动，需进行稳定性计算。

$J_6 - J_3$ 组合主要位于拱肩槽下游边坡，组合块体以 J_3 为底滑面，以 J_6 为侧裂面，以拱肩槽和河谷为临空面，存在向河谷滑移的可能，左岸拱肩槽下游边坡 $J_6 - J_3$ 组合赤平投影见图 7.2-4。

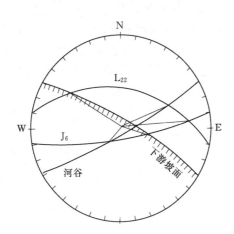 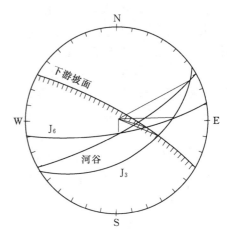

图 7.2-3　左岸拱肩槽下游边坡　　　图 7.2-4　左岸拱肩槽下游边坡

$J_6 - L_{22}$ 组合赤平投影　　　　　　$J_6 - J_3$ 组合赤平投影

从图 7.2-4 中可以看出，J_6 与 J_3 形成切割块体的交棱线倾向山外，偏向河谷下游，倾角小于坡角，存在向河谷下游发生滑动的可能。但 J_3、J_6 均为硬性结构面，抗剪强度较高，块体是否产生滑动，需进行稳定性计算。

总体而言，左岸拱肩槽开挖后，边坡整体处于稳定状态，局部存在不稳定的组合块体。由于拱肩槽边坡开挖陡峻，开挖面附近存在一定的卸荷变形，加之工程施工爆破的影响，除上述结构面组合外，还可能存在其他类型的块体失稳或滑移变形，边坡岩体局部失稳、掉块的风险较大，需加强支护。

（3）右岸结构面与岸坡组合稳定性分析。右岸拱肩槽开挖后，对边坡稳定性起控制作用的结构面主要为 f_5 断层，Rnj_1、Rnj_2、Rnj_3 夹泥裂隙和 L_{12}、L_{14} 等顺层大裂隙；硬性结构面 J_1、J_3、J_5 和 J_6 相互交切，对边坡的局部稳定性存在一定影响。右岸的结构面中，陡倾角的 f_5、Rnj_1、Rnj_2、J_5、J_6 等主要作为后缘拉裂面，中-缓倾角的 L_{12}、L_{14}、J_1 等可作为底滑面。

拱肩槽边坡局部潜在的失稳模式主要有 3 种，分别是上游边坡的 $J_6 - J_1$ 组合、下游边

坡的 Rnj_1-J_5 组合和 J_5-L_{12} 组合。

J_6-J_1 组合主要位于拱肩槽上游边坡 720.00m 高程以上，组合块体以 J_1 为底滑面，以 J_6 为侧裂面，以拱肩槽为临空面，存在向下游发生滑移的可能（右岸拱肩槽上游边坡 J_6-J_1 组合赤平投影见图 7.2-5）。

从图 7.2-5 中可以看出，J_6 与 J_1 形成切割块体的交棱线倾向山内，偏向河谷下游，且倾角小于坡角，存在向下游滑动的可能。同时，J_6 作为硬性结构面，产状 $310°\sim350°$ $\angle60°\sim85°$，倾向变化较大，当倾向为 $330°\sim350°$ 时，结构面走向与坡向交角较小，且倾角较陡，存在产生倾倒破坏的可能。但 J_1、J_6 均为硬性结构面，抗剪强度较高，块体是否产生滑动，需进行稳定性计算。

Rnj_1-J_5 组合主要位于拱肩槽下游边坡 690.00m 高程附近，交切将在下游边坡面上形成楔形体，存在向拱肩槽临空方向滑动的可能，右岸拱肩槽下游边坡 Rnj_1-J_5 组合赤平投影见图 7.2-6。

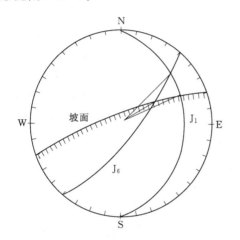

图 7.2-5　右岸拱肩槽上游边坡
J_6-J_1 组合赤平投影

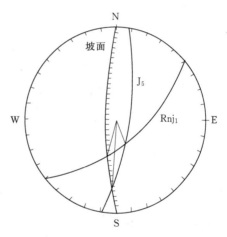

图 7.2-6　右岸拱肩槽下游边坡
Rnj_1-J_5 组合赤平投影

从图 7.2-6 中可以看出，Rnj_1 与 J_5 切割形成块体的交棱线倾角小于坡角，存在向临空方向发生滑动的可能。同时，Rnj_1 为夹泥裂隙，抗剪强度强度低，J_5 为硬性结构面，连通率为 $50\%\sim60\%$，岸坡出露单条裂隙延伸达 $20\sim30m$，从安全角度考虑，需进行稳定分析验算。

J_5-L_{12} 组合主要位于拱肩槽下游边坡 690.00m 高程以下，组合块体以 L_{12}、L_{14} 等顺层大裂隙为底滑面，以 J_5 为侧裂面，以河谷为临空面，存在向下游发生滑移的可能，右岸拱肩槽下游边坡 J_5-L_{12} 组合赤平投影见图 7.2-7。

从图 7.2-7 可以看出，L_{12} 等顺层大裂隙与 J_5

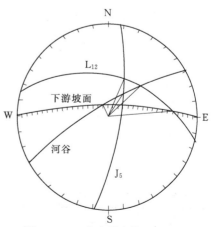

图 7.2-7　右岸拱肩槽下游边坡
J_5-L_{12} 组合赤平投影

的交棱线倾向坡外，偏向河谷，倾角小于坡角；同时 L_{12} 等顺层大裂隙，抗剪强度较低，J_5 为硬性结构面，连通率为 $50\%\sim60\%$，岸坡出露单条裂隙延伸达 $20\sim30m$，从安全角度考虑，开挖边坡需进行稳定分析验算。

总体而言，右岸拱肩槽开挖后，边坡整体处于稳定状态，局部存在不稳定的组合块体。由于拱肩槽边坡开挖陡峻，开挖面附近存在一定的卸荷变形，加之工程施工爆破的影响，除上述结构面组合外，还可能存在其他类型的块体失稳或滑移变形，边坡岩体局部失稳、掉块的风险较大，需加强支护。

7.2.3.2 坝肩岩体抗滑稳定性分析

（1）结构面调查及分类统计。对坝肩及抗力体范围内可能构成各种滑移块体的结构面进行了详细调查，并对其空间展布、性状等开展了追踪和试验研究。针对结构面采集数据统计分析可知，构成左坝肩及抗力体抗滑稳定的不利结构面主要有以下几种：

1）侧裂面。

a. 次生夹泥裂隙 Lnj_1：主要发育在左坝肩及水垫塘边坡区域，裂隙产状为 $320°\sim350°\angle50°\sim65°$，一般宽度为 $0.2\sim3.0cm$，局部为 $10\sim35cm$，充填物以泥夹岩屑、岩块为主，局部存在钙质或方解石，连通性较好，局部存在一定起伏，结构面级别为 Ⅲ 级。

b. 硬性结构面 J_6：左坝肩各高程均有出露，发育位置相对随机，结构面产状为 $310°\sim350°\angle60°\sim85°$，宽度为 $0\sim1mm$，主要为钙质胶结，一般间距 $3\sim5m$，局部发育密集带，带内间距为 $0.3\sim1.0m$，连通率为 $50\%\sim70\%$，结构面级别为 Ⅴ 级。

2）底滑面。

a. 顺层大裂隙 L_{22}、L_{12} 等：主要发育在左坝肩低高程区域，部分贯穿左右两坝肩，裂隙产状为 $170°\sim210°\angle30°\sim55°$，一般宽度为 $0.2\sim3cm$，局部为 $5\sim15cm$，充填物以泥质和岩屑为主，局部夹岩块或方解石，裂隙连通性较好，存在一定起伏，L_{22} 级别为 Ⅲ 级，其他结构面为 Ⅳ 级。

b. 硬性结构面 J_2：主要发育在左坝肩 $735.00m$ 高程以上，产状为 $315°\sim335°\angle15°\sim35°$，宽度为 $0\sim1mm$，主要为钙质胶结，一般间距 $0.5\sim1.0m$，连通率为 $60\%\sim70\%$，结构面级别为 Ⅴ 级。

（2）结构面组合模式分析。据左坝肩临空面、侧滑面和底滑面特征，将不利组合分为确定性组合、半确定性组合和随机性组合 3 类，左坝肩结构面不利组合模式见表 7.2-3。

表 7.2-3　　　　　　　　　左坝肩结构面不利组合模式表

组合类型	组合编号	底滑面	侧裂面	临空面
确定性组合	组合模式一	L_{22}、L_{12} 等顺层大裂隙	Lnj_1	河谷
半确定性组合	组合模式二	L_{22}、L_{12} 等顺层大裂隙	J_6	河谷
	组合模式三	L_{22}、L_{12} 等顺层大裂隙	Lnj_1	河谷
随机性组合	组合模式四	J_2	J_6	河谷

组合模式一：以 L_{22}、L_{12} 等顺层大裂隙为底滑面，以 Lnj_1 为侧裂面，以河谷为临空面，组合块体向河谷方向发生滑移，左岸坝肩结构面组合模式一见图 7.2-8。

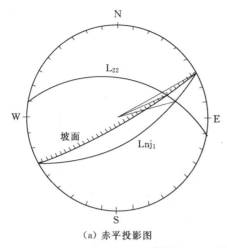
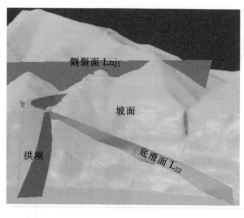

（a）赤平投影图　　　　　　　　　　（b）三维示意图

图 7.2-8　左岸坝肩结构面组合模式一

由图 7.2-8 可以看出，L_{22}、L_{12} 等和 Lnj_1 的交棱线倾向河谷偏下游，在拱端力作用下，对抗滑稳定不利；但 Lnj_1 走向与河谷走向近于平行，L_{22}、L_{12} 等与 Lnj_1 形成的组合块体在坡面上不存在剪出口，因此发生此类滑移的可能性不大。

组合模式二：以 L_{22}、L_{12} 等顺层大裂隙为底滑面，以 J_6 为侧裂面，以河谷为临空面，组合块体向河谷方向发生滑移，左岸坝肩结构面组合模式二见图 7.2-9。

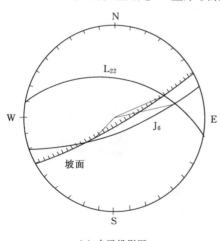
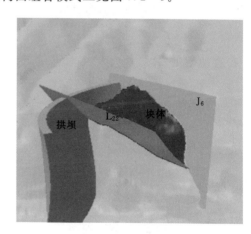

（a）赤平投影图　　　　　　　　　　（b）三维示意图

图 7.2-9　左岸坝肩结构面组合模式二

由图 7.2-9 可以看出，L_{22}、L_{12} 等和 J_6 的交棱线倾向河谷偏下游，在拱端力作用下，对抗滑稳定不利；J_6 为硬性结构面，当倾向大于 330°时，与 L_{22}、L_{12} 等形成的组合块体在坡面上存在剪出口，且底滑面 L_{22}、L_{12} 等为顺层大裂隙，抗剪强度较低，需进行抗滑稳定分析验算。

组合模式三：以 J_2 为底滑面，以 Lnj_1 为侧裂面，以河谷为临空面，组合块体向河谷方向发生滑移，左岸坝肩结构面组合模式三见图 7.2-10。

由图 7.2-10 可以看出：J_2 和 Lnj_1 的交棱线倾向河谷偏下游，在拱端力作用下，对

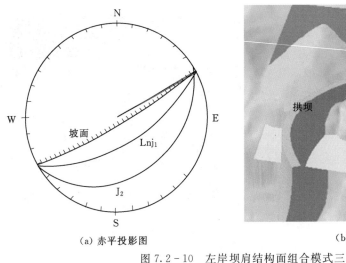
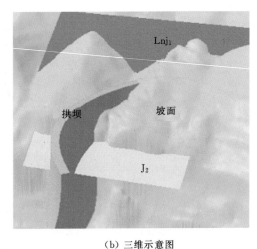

（a）赤平投影图　　　　　　　　（b）三维示意图

图 7.2-10　左岸坝肩结构面组合模式三

抗滑稳定不利。但 Lnj_1 走向与河谷走向近于平行，与 J_2 形成的组合块体在坡面上不存在剪出口，且 J_2 为硬性结构面，在 735.00m 高程以上，切割形成块体受拱端作用力较小，发生滑移的可能性不大。

组合模式四：以 J_2 为底滑面，以 J_6 为侧裂面，以河谷为临空面，组合块体向河谷方向发生滑移，左岸坝肩结构面组合模式四见图 7.2-11。

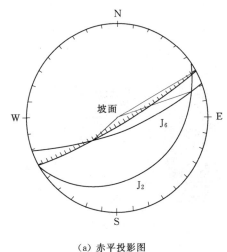
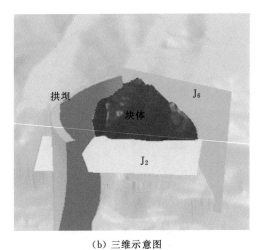

（a）赤平投影图　　　　　　　　（b）三维示意图

图 7.2-11　左岸坝肩结构面组合模式四

由图 7.2-11 可以看出，J_2 和 J_6 的交棱线倾向河谷偏下游，倾角小于坡角，在拱端力作用下，对抗滑稳定不利。J_2、J_6 为硬性结构面，发育较随机，在 735.00m 高程以上，局部可能形成不利组合的块体，从安全角度考虑，需进行抗滑稳定分析验算。

7.2.3.3　洞室围岩不稳定块体分析

根据地面节理调查、钻孔结构面以及平洞裂隙统计结果可知主要发育 3 组节理：

①252°∠77°，张开度1～5mm，起伏粗糙，间距0.5～0.6m，延伸5～10m，充填泥膜、碎屑；②298°∠81°，张开度1～3mm，起伏粗糙，间距0.5～0.8m，延伸长度以3～5m为主，少量大于10m，泥膜、碎屑充填或无充填；③41°∠73°，张开度2～10mm，起伏粗糙，间距1～2m，延伸大于10m，局部泥膜、钙膜充填。

通过数据传递，利用Unwedge根据结构面的不利组合对块体进行稳定性分析，针对不同的结构面和开挖面组合形成不稳定块体（图7.2-12），需要在施工过程中着重进行支护，支护的方式和参数也需要根据具体的不稳定块体进行适应性调整。

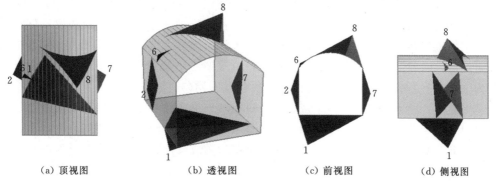

| （a）顶视图 | （b）透视图 | （c）前视图 | （d）侧视图 |

图7.2-12　隧洞不稳定组合示意图

利用工程勘察数字采集技术在东庄水利枢纽工程进行地表测绘、钻孔、平洞等勘察点结构面信息采集调查，通过数据的有效连接，做到基于同一套结构面数据统计其发育规律，并与工程相结合，分析评价具体工程部位的结构面组合块体的稳定性，据此确定支护措施和技术参数，取得了较好的效果。该技术提高了野外数据采集的标准化，提升了工作效率，对保障工作质量和工作进度、促进东庄水利枢纽工程勘察信息的高效管理和深度共享应用起到了重要的技术支撑，可为东庄水利枢纽数字工程建设提供准确可靠的勘察信息。

7.3　黄河下游"十三五"防洪工程中的应用

7.3.1　工程概况

黄河下游河道自河南省孟津县出峡谷后进入华北大平原，河道由数百米突然展宽到3～5km，除河道南岸郑州以上及东平湖至济南为低山丘陵外，其余区段全靠堤防挡水。

险工是历史上堤防靠水抢险时形成的堤防裹护段，是由丁坝、垛、护岸共同组成的护堤建筑物，用于保护堤防安全。控导工程是在滩区适当部位修建的坝、垛、护岸工程，具有控导河势和保护滩地的作用。控导与险工共同组成河道整治工程，二者相互配合，控制河势，稳定中水流路；同时，还可以减少滩地被河流淘刷、坍塌的损失。在黄河下游曾经进行了压力灌浆、前戗、后戗、截渗墙、放淤多种堤防加固措施。

黄河下游"十三五"防洪工程是在黄河水利委员会的统一安排下，在目前已取得防洪效果的基础上，继续对黄河下游进行以堤防加固和河道整治为重点的防洪工程建设，该工程旨在提高下游整体抗洪能力。项目由堤防加固工程 258km、险工改建工程 25 处、控导新续建 36 处及改建加固工程 14 处、东平湖山口隔堤加固工程 5 段 1.28km、穿堤建筑物改建等组成。

7.3.2　基本地质条件

黄河下游的地貌类型有平原、丘陵、山地，以平原为主，属华北地层区，第四系松散地层广泛分布，仅在黄河冲积平原的周边山地出露有寒武系、奥陶系及第三系等基岩地层。工程区分布的地层主要有第四系全新统河流冲积层（Q_4^{al}）、第四系上更新统河流冲积层（Q_3^{al}）和第四系人工填土（Q_4^s），河口堤防工程还分布有海陆交互相沉积层（Q_4^{mc}）。

人工填土包括堤身人工填土、淤背区吹填土和口门填土。堤身人工填土主要分布于黄河堤防堤身、内戗、外戗、淤临、淤背等处，填筑厚度一般为 7～12m，土质以壤土、砂壤土为主，夹有黏土块，总体呈灰黄色-黄褐色，不均匀。淤背区吹填土以砂壤土、粉砂为主，夹黏土、壤土薄层，总体呈灰黄色。口门填土主要分布在历史口门堤段，以砂壤土掺秸料为主，夹杂黏土、壤土和粉砂，秸料呈未腐烂状，柔软；其主要特点是含有大量腐殖物，与上下游堤段的地层存在明显差别，腐殖物的成层性和密集程度与其他堤段明显不同，地层颜色由浅变深，特别是与下部地层交界处的地层颜色明显不同，老口门地层表现为灰色和深灰色，下部地层表现为黄灰色和棕黄色；第四系全新统冲积层有粉细砂、砂壤土、壤土、黏土，是堤基土的主要组成部分。

7.3.3　应用情况

黄河下游"十三五"防洪工程建设勘察工作点多、线长，勘察工作量大，主要有工程地质测绘 1∶10000 比例尺 554km²、1∶2000 比例尺 90km²、钻探 10700m/450 孔、洛阳铲 3100m/1050 个、坑槽探 3900m³/1100 个；勘察作业线从河南到山东几百千米，时间要求极短，需要勘察各工序衔接紧密，快速提交成果。

工程地质勘察过程中，全部运用了工程勘察数字采集系统的勘察线路设计、可动态更新的工程勘察信息字典库、钻孔柱状图的批量绘图、剖面图智能生成的技术，大大提高了勘察工作效率，缩短了勘察周期，实现了下游堤防勘察数据采集、管理及应用的全流程数字化。

（1）外业工作开展前，进行了桌面端的地形图导入、线路规划和数据字典编辑等工作。

1）地形图的导入。按照工程部位的行政区划和地理特征分成若干个工程项目，分别将相应的比例尺（1∶10000 和 1∶2000）的地形图导入到桌面端。

2）线路规划。根据工程的实际范围、各工点的相互位置关系、工程技术人员及采集设备的配置，进行线路规划设置并创建。

3）数据字典编辑：依据前期勘察资料，将工程勘察信息字典库中的地层代号、岩土名称、钻孔描述中相应土体进行填空式字典库编辑（图 7.3-1）。

工程勘察开始作业期间，白天勘察现场利用移动设备子系统采集勘察数据，主要工作内容为钻孔信息采集（图 7.3-2），包括钻孔基本信息、地层岩性、地质时代、地下水位观测、标准贯入试验、取土样等内容。还有堤防范围内的地质测绘信息，主要是人工填筑土与河流冲洪积分界线的测绘。勘察信息字典库的利用极大地提升了野外地质测绘、勘探

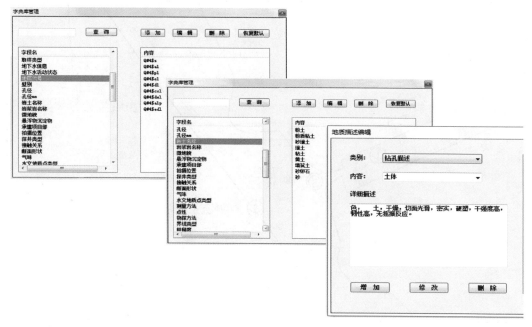

图 7.3-1 字典库编辑

编录工作的效率。

（2）外业采集工作结束后，回到室内将采集到的勘察信息进行数据备份，并导入至桌面管理子系统进行数据检查、线路汇总，及时生成平面图、剖面图、钻孔柱状图、送样单等成果。

1）平面图：包括地质点、钻孔、洛阳铲等的平面位置展布以及现场勾绘的地层岩性界线位置等内容（图 7.3-3）。

2）钻孔柱状图：包括钻孔基本信息、地质时代、地层岩性、岩性描述、取样、标贯等内容（图 7.3-4）。

3）地质剖面草图：勘探剖面内容包括地表面线、钻孔剖面柱状图以及高程、平距等内容（图 7.3-5）。

图 7.3-2 利用采集设备进行钻孔编录

4）送样单：根据采集的取样信息自动生成送样单，送样单的内容包括取样点编号（钻孔编号加取样序号）、取样深度、样品类型（原状样、扰动样等）、样品件数、拟试验项目等内容。

黄河下游堤防勘察工作采用数字采集技术，当天即可完成繁琐的勘察数据管理及应用工作，包括工作量统计、最新勘察数据的图件绘制和各种表格填写等，快速、自动地生成了工程地质剖面图（图 7.3-6），为勘察数据的综合分析提供了及时、直观的展现形式。

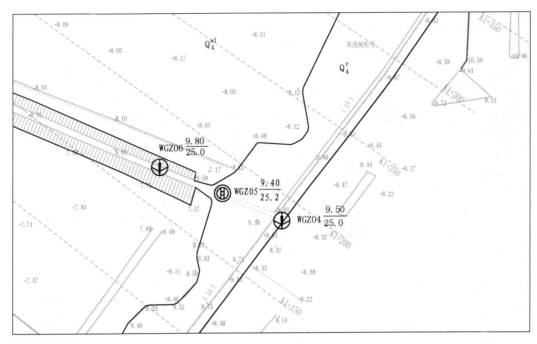

图 7.3-3　利用采集数据自动生成的平面图

黄河下游菏泽堤防　工区　HK218+400-1　号钻孔柱状图

工程项目	菏泽堤防加固	地面高程/m	58.44	开孔口径/mm	130	地下水位	55.04
						观测日期	2017-5-14
钻孔位置	218+400临河	孔口高程/m	58.44	终孔口径/mm	110	开工日期	2017-5-14
钻孔坐标	X:19116.05 Y:7773.45	钻孔深度/m	15.40	钻探方法	回转	竣工日期	2017-5-14

地质时代	层次	层底深度/m	层底高程/m	层厚/m	地质柱状图及钻孔结构图 1:200	岩 性 描 述	标贯深度/m 击 数	取样编号 取样深度/m	备 注
Q_4^{al} ①		2.50	55.94	2.50	130	壤土:壤土:棕黄色,夹黏土球、带,硬~软可塑。	$\dfrac{2.15—2.45}{12}$	$\dfrac{1}{2.15—2.45}$	
		4.80	53.64	2.30		粉质黏土:粉质黏土:棕黄色,软塑,湿,下部夹棕红色黏土。	$\dfrac{4.15—4.45}{15}$	$\dfrac{1}{4.15—4.45}$	
		6.60	51.84	1.80		砂壤土:砂壤土:灰黄色,夹灰红色粉砂、棕红色黏土条带、灰黑色斑点,饱水,较松软。	$\dfrac{6.15—6.45}{14}$	$\dfrac{1}{6.15—6.45}$	
		8.10	50.34	1.50		壤土:壤土:青灰、青绿色,可塑,见水平层理,夹棕红色黏土条带、少量砂壤土。	$\dfrac{8.15—8.45}{15}$	$\dfrac{1}{8.15—8.45}$	
		9.30	49.14	1.20		砂壤土:砂壤土:灰黄色~灰褐色,饱水,较松软。	$\dfrac{10.15—10.45}{10}$	$\dfrac{1}{10.15—10.45}$	
		9.70	48.74	0.40		粉质黏土:粉质黏土:棕褐色,可塑~硬塑状,夹薄层壤土。			
					110	砂壤土:砂壤土:黄褐色~灰褐色,夹灰色条带、锈斑,饱水,顶部为40cm厚黄褐色壤土,12.2~13.0m为棕褐色壤土,下部夹薄层硬塑状棕黄色黏土。	$\dfrac{12.15—12.45}{20}$	$\dfrac{1}{12.15—12.45}$	
		15.40	43.04	5.70			$\dfrac{14.15—14.45}{9}$	$\dfrac{1}{14.15—14.45}$	
说明									

校核：陈晓光　　　　　　制图：尚可　　　　　　值班地质员：尚可

图 7.3-4　利用采集数据批量生成的钻孔柱状图

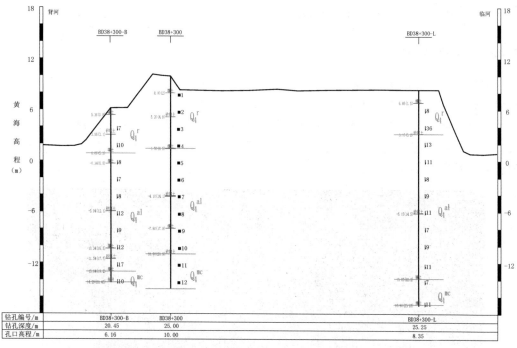

图 7.3-5　自动生成的地质剖面草图

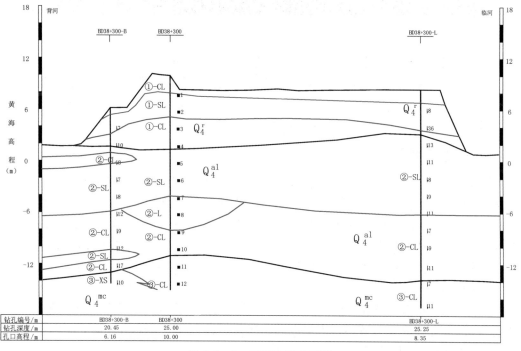

图 7.3-6　工程地质剖面图

7.4 宝泉景区工程中的应用

7.4.1 工程概况

宝泉景区工程拟建的宝泉洛伽寺索道和观光电梯工程位于宝泉抽水蓄能电站内,行政区划隶属河南省新乡市辉县薄壁镇,景区距辉县市约 26km,距新乡市约 30km。

索道项目为"往复式索道",主要由索道站点、站房、支架、索道及游客中心等组成(图 7.4-1),游客中心为游客乘坐索道的主要临时集散地。索道采用两端固定模式,中间悬空,斜跨宝泉抽水蓄能电站下库。

图 7.4-1　洛伽寺索道项目位置示意图

观光电梯项目位于宝泉景区水库右岸,电梯工程采用山体内部与外悬相结合的方式,呈 L 形布设,既解决了景区内的垂直交通需要,又最大限度地保护了景区自然生态。电梯工程由人行横道、电梯两大部分组成(图 7.4-2),主要建筑物包括交通隧洞(人行横道)、电梯及崖顶连接平台和临时施工交通桥及临时施工平台等。

7.4.2 地质条件

工程区位于宝泉水库,宝泉水库位于太行山东南麓,总体地势西高东低。工程区水库库盆近南北向,水面宽 50m 左右,工程区(右岸)内岸坡地形西高东低,自库岸向库外地形呈二级阶梯状缓、陡坡交替出现,陡坡为近直立的陡壁,缓坡坡度一般为 $21°\sim50°$。宝泉水库两岸山体高程在 $140.00\sim1300.00m$ 之间,相对高差达 1000 余 m,属中山区。

工作区内出露的地层从老到新有太古界登封群、中元古界汝阳群、下古生界寒武系及新生界第四系。

工程区地质构造以节理裂隙为主,仅在工程下游冲沟内发育 1 条高倾角小断层,产状 $310°\angle80°$,断层带物质以碎裂岩为主。工作区内存在太古界、中元古界、古生界(寒武系地层)3 个不同的构造层。

工程场区内物理地质现象以风化卸荷和崩塌为主。工作区内崩塌体较多,地形多为悬

图 7.4-2　观光电梯正立面示意图

崖绝壁，在构造节理裂隙及风化、卸荷裂隙的作用下，致使局部岩体离开母岩形成危岩，在重力、地震、降水等因素作用下，岩体失稳，坠落崖底，滚落至山坡、坡角和沟谷等处，易形成崩塌危害。区内不同程度的风化卸荷厚度，主要受地形岩性控制，差异较大。

7.4.3　应用情况

宝泉景区洛伽寺索道项目站点、游客中心、观光电梯等，工程场区位置分散，工程地质条件复杂，地形陡峻，交通不便，局部为悬崖绝壁；物理地质现象种类较多（如危岩体、崩塌体、岩溶、风化卸荷带等），野外工作难度大。

工程勘察数字采集技术在工程勘察中发挥了极大作用，勘察过程中全程采用该技术，利用勘察线路分发、地质测绘线路规划功能，对不同的工程区进行针对性的勘察工作。在勘察数据信息采集中，地质点、钻孔的地质测绘与编录，尤其是节理裂隙信息的采集为勘察数据的顺利共享与利用起到了决定性作用。

在本次工作中采用工程勘察数字采集系统，按照工程部位将地形图导入到桌面端（如图 7.4-3），根据前期的地质资料编辑勘察信息字典库，通过规划线路制作不同手持设备需要的采集文件，根据不同的工程类型进行外业数据采集。

野外地质勘察工作中采用移动手持设备进行野外地质点测绘、钻孔编录以及专门的节理裂隙的统计调查，野外地质测绘见图 7.4-4。

在每天的野外工作完成后，回到室内对当天的工作内容进行增量式汇总、备份，工作完成后得到成果资料，包括实际材料图、地质平面图、钻孔柱状图、地质剖面图、送样单等。

（1）实际材料图：包括地层点、岩性点、产状点、节理统计点、断层点、钻孔、探坑等测绘勘探等工作量分布位置（图 7.4-5）。

（2）工程地质平面图：主要包括地质时代、地层岩性、地质构造、物理地质现象、工

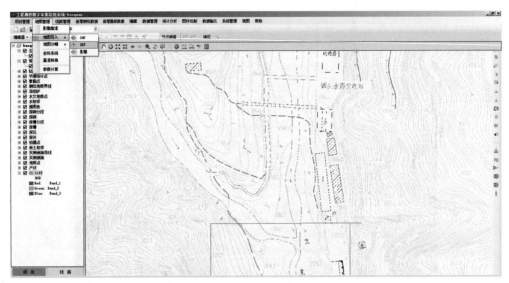

图 7.4-3 地形图导入桌面端

图 7.4-4 野外地质测绘

程建筑物的位置轮廓、勘探点信息等。根据采集信息批量生成钻孔柱状图。

（3）节理统计图：根据节理统计点、钻孔岩心节理统计等数据对节理统计数据进行统计，绘制节理走向玫瑰图、倾向玫瑰图、极点等密度图、节理倾向直方图等图件。

（4）工程地质剖面图：通过采集到的数字化信息，初步生成地表面线和钻孔剖面柱状图，包括钻孔的地层时代、岩性、地下水位等信息，在此基础上绘制钻孔间的地质界线，最终完成工程地质剖面图。观光电梯工程交通桥剖面图见图 7.4-6。

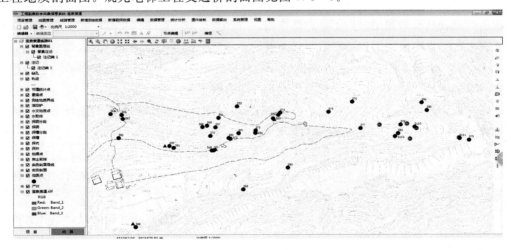

图 7.4-5 实际材料图

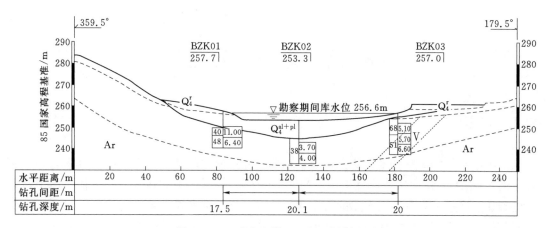

图 7.4 - 6　观光电梯工程交通桥剖面图

宝泉景区索道和观光电梯项目工程区地形陡峻，交通不便，人员和设备进场困难，外业地质测绘和勘探工作难度较大，且工期紧，工作量大。本项目应用了工程勘察数字采集系统，野外采集数据时信息完整不漏项，数据规范，描述准确；从勘察信息字典库中选取数据填写表单，提高了效率。随着工作的开展，每阶段实时生成中间成果，对及时调整工作方案起到了至关重要的作用，显著提高了地质勘察工作的针对性，效果良好。

8 结 论 与 展 望

8.1 结论

工程勘察数字采集技术在研究传统工程勘察业务流程以及现行规程规范的基础上，综合运用 3S 技术、移动地理信息系统（MobileGIS）、数据库（DBMS）等技术，提出了工程勘察作业信息采集与管理应用的新模式，工程勘察数据库建设及应用与工程勘察业务流程同步进行，缩短了勘察周期，提高了勘察工作效率，增强了数据的共享性，实现了勘察数据采集、管理、应用的全流程数字化，推动了地质勘察信息化进程。

（1）采用 3S、多源数据融合技术，集成研发了集外业数据采集及信息处理于一体的多属性工程勘察管理系统，主要由工程勘察数字采集系统桌面端和工程勘察数字采集系统移动端两部分组成，实现了工程勘察信息采集、查询、统计、分析、计算以及成果图件批量化自动生成等功能。

（2）集 GPS 定位、数字罗盘、数码相机等功能于一体的智能采集系统，实现了在一台智能终端上 GPS 定位与地形图实时关联，数字化采集文字、素描、照片等地质测绘、勘探、原位测试与试验等数据，替代了传统的外业人员工作必备的纸质地形图、记录本、铅笔、罗盘、GPS、照相机等一系列的野外作业装备，减轻了作业负担，革新了多年以来工程勘察信息采集的传统模式。

（3）开发并搭建了多属性工程勘察数据管理平台，具有勘察数据查询、专业统计分析、计算以及成果图件批量化绘制、报表输出等功能。该系统提高了勘察数据的统一规范性，增强数据的共享性，有利于数据的多次开发和利用，提高勘察效率，可以直接为三维地质及工程全生命周期管理提供数据支撑。

（4）利用移动设备采集子系统的 GNSS 定位与地形图实时相关的功能，实现了野外作业的实时定位，可快速找到地质目标。移动端和激光定位设备集成，在探洞及地下洞室内没有 GNSS 和移动网络的极端条件下，实现了地质要素空间信息的精准定位，做到了地表洞内全方位一体化的数据采集。

（5）编制了数字勘察标准化体系，提出了适用于工程勘察的基础信息分类与编码、工程勘察基础信息资源数据库表结构与标识符标准等技术标准。设计了可动态更新的工程勘察信息字典库，明确了工程勘察数字采集系统作业标准化流程，工程勘察数字采集作业标准、工程勘察数字采集工作指南标准体系为实现工程勘察行业数字采集的推广普及提供了重要的技术支撑。

（6）采用分层比对接口处理方法，建立了动态的、可维护扩充的二元要素类映射池，具有较强的人机交互功能，提出的 GIS 与 CAD 空间数据转换的解决方案，实现了空间数据的双向导通、便捷与无损转换。

（7）工程勘察数字采集技术以工程勘察数据库建设为核心、以工程勘察专业作业流程为主线、以专业技术需求为基础，实现了工程勘察内外业一体化、高效化、标准化、规范化，有力地推进了工程勘察专业数字化、信息化建设步伐。不仅适用于各类水利水电工程勘察项目，也同样适用于其他各行业岩土工程勘察、地质灾害调查评估、规划查勘、移民调查及智能巡检等诸多相关工作领域。

8.2　展望

工程勘察数字采集技术已成功地应用于工程实践中，但仍需及时追踪相关行业发展前沿技术，进行更新、改进完善，使之能更好地满足使用者需求。

（1）已有功能的完善。技术成果涵盖内容广泛，不同的项目有不同的特点和要求，对系统功能点的应用也不同，有些功能点需要特殊的项目实践才能用到，并检验其完善性、易用性。这是一个长期的过程，需要在生产实践中逐步加以完善。

（2）新应用领域的拓展。数字采集技术在工程勘察领域的应用中表现出了强大的生命力，显著地提高了劳动效率和工作质量，不少相关专业领域也存在数据数字化采集的迫切需求，可考虑进行数字采集技术在其他相关专业领域的应用拓展工作。

（3）定位精度需要提高。随着我国北斗系统的发展和完善，引入北斗定位系统，其定位精度可提高 1～2 个数量级，从而满足大比例尺地质勘察的精度需求，进一步提升数字采集技术的应用效果。

（4）实时协同技术。可考虑实现各采集终端之间以及采集终端与后台管理控制节点之间的实时互联互通，实现工作设备、工作方式、成果过程控制和多专业的一体化，促进工程勘察行业产业化升级。

（5）数据的进一步应用。随着数字采集技术在工程勘察专业及其他相关专业领域的广泛应用，采集到的数据量将十分巨大，数据涵盖面也将更广，需深入挖掘专业内以及跨专业的综合数据分析需求，进一步丰富和完善对数据的统计、分析、计算、评价等方面相关功能点的开发。

参 考 文 献

［1］　陆兆溱．工程地质学［M］．北京：中国水利水电出版社，2001.

［2］　工程地质手册编委会．工程地质手册［M］．4版．北京：中国建筑工业出版社，2007.

［3］　GB 50487—2008 水利水电工程地质勘察规范［S］．北京：中国计划出版社，2008.

［4］　SL 567—2012 水利水电工程地质勘察资料整编规程［S］．北京：中国水利水电出版社，2012.

［5］　姜作勤．国内外区域地质调查全过程信息化的现状与特点［J］．地质通报，2008，27（7）：956－964.

［6］　刘刚，吴冲龙，汪新庆．计算机辅助区域地质调查野外工作系统研究进展［J］．地球科学进展，2003，18（1）：77－84.

［7］　姜作勤．澳大利亚第二代填图野外数据采集的新进展［J］．中国区域地质，1997，16（3）：335－336.

［8］　李超岭．数字地质调查系统操作指南（上、中、下册）［M］．北京：地质出版社，2011.

［9］　李超岭，于庆文．数字区域地质调查基本理论与技术方法［M］．北京：中国水利水电出版社，2001.

［10］　刘丽．基于DGSGIS的地下水资源调查野外数据采集桌面系统研发［D］．北京：中国地质科学院，2015.

［11］　王珊，萨师煊．数据库系统概论［M］．北京：高等教育出版社，2006.

［12］　马建红，李占波．数据库原理及应用：SQLServer2008［M］．北京：清华大学出版社，2019.

［13］　赵龙．北斗导航定位系统关键技术研究［D］．西安：西安电子科技大学，2014.

［14］　郝蓉．浅析全球卫星导航定位系统［J］．内燃机与配件，2017（21）：143－144.

［15］　（美）克罗克，（美）奥厄尔．数据库原理［M］．5版．赵艳铎，葛萌萌，译．北京：清华大学出版社，2011.

［16］　刘建华，杜明礼，温源．移动地理信息系统开发与应用［M］．北京：电子工业出版社，2015.

［17］　赵锐，钟榜，朱祖礼，等．室内定位技术及应用综述［J］．电子科技，2014，27（3）：154－157.

［18］　吴琳．室内定位技术探讨［J］．江西测绘，2013（02）：54－60.

［19］　王建波．激光测距仪原理及应用［J］．开发应用，2002（6）：15－16.

［20］　王丽，许安涛，王瑛．激光器的发展及激光测距的方法［J］．焦作大学学报，2007，10（4）：55－56.

［21］　李越．基于Android的地质灾害野外调查信息采集系统的设计及实现［D］．昆明：云南大学，2015.

［22］　赵晟娅．高精度激光并行测距系统信号检测与处理技术［D］．大连：大连海事大学，2014.

［23］　范晨灿．基于蓝牙4.0传输的Android手机心电监护系统［D］．杭州：浙江大学，2013.

［24］　张硕．基于ANDROID的蓝牙多点文件传输系统［D］．呼和浩特：内蒙古大学，2013.

［25］　郭鹏，夏吉祥，王超．基于Android平台的地下管线数据移动采集软件设计与实现［J］．地理信息世界技术应用，2014，21（2）：74－77.

［26］　王家耀．空间信息系统原理［M］．北京：科学出版社，2001.

［27］　邬伦，刘瑜，张晶，等．地理信息系统原理与技术［M］．北京：科学出版社，2001.

［28］　胡鹏，黄杏元，华一新．地理信息系统教程［M］．武汉：武汉大学出版社，2002.

［29］　刘光，贺小飞．地理信息系统实习教程［M］．北京：清华大学出版社，2003.

［30］ 陈述彭，等 . 地理信息系统原理、方法和应用 ［M］. 北京：科学出版社，2001.

［31］ 罗云启，罗毅 . 数字化地理信息系统 MapInfo 应用大全 ［M］. 北京：北京希望电子出版社，2001.

［32］ 夏克俭，张瑛，巢群 . XML 在数字化校园数据同步平台中的应用研究 ［J］. 计算机工程与设计，2008，29（2）：483 – 486.

［33］ 张雄 . 分布式数据库数据同步的研究与应用 ［D］. 武汉：华中科技大学，2006.

［34］ 熊现 . 基于 JAVA/XML 的异构数据同步系统的设计和实现 ［D］. 上海：上海交通大学，2007.

［35］ 黄蓝会，周斌 . 个人信息空间管理系统中关于数据同步的研究 ［J］. 计算机工程与设计，2010，13（8）：3123 – 3127.

［36］ 林阳欧 . 多个业务系统间数据同步系统的设计与实现 ［D］. 上海：华东师范大学，2009.

［37］ 张书波，康来成，黄莹 . 分布式异构多时态空间数据的同步复制技术研究 ［J］. 国土资源信息化，2010，12（4）：38 – 43.

［38］ 龙文波 . 基于 JZEE 框架的网管系统中数据同步的研究与实现 ［D］. 西安：西北工业大学，2007.

［39］ 潘毅 . 异构数据库同步问题研究 ［J］. 办公自动化，2009，18（5）：34 – 38.

［40］ 张雄 . 分布式数据库数据同步的研究与应用 ［D］. 武汉：华中科技大学，2006.

［41］ 覃章荣，张军洲，诸葛隽 . 基于 Webservice 的异构数据库同步系统设计与实现 ［J］. 计算机技术与发展，2009，19（5）：221 – 22.

［42］ PP MICHAEL. Web 服务原理与技术 ［M］. 北京：机械工业出版社，2009.

［43］ 顾宁，刘家茂，等 . WebService 原理与研发实践 ［M］. 北京：机械工业出版社，2006.

［44］ 任建辉，徐林，蔡航标 . 一种基于 XML/Web Service 的分布式数据库同步技术的研究与实现 ［J］. 成都大学学报（自然科学版），2009，13（2）：136 – 138.

［45］ 黄河勘测规划设计研究院有限公司公司标准 . QJ/HS52.01—2010 工程地质计算机制图标准 ［S］. 郑州：2010.

［46］ 黄河勘测规划设计研究院有限公司 . 工程勘察数字采集信息系统需求分析报告 ［R］. 郑州：2013.

［47］ 黄河勘测规划设计研究院有限公司 . 工程勘察数字采集信息系统详细设计报告 ［R］. 郑州：2013.

［48］ 申胜利，李华 . 基于 ARCEngine 的 ARCGIS 与 AutoCAD 的数据转换研究 ［J］. 测绘通报，2007（2）：41 – 43.

［49］ 陈能，施蓓琦 . AutoCAD 地形图数据转换为 GIS 空间数据的技术研究与应用 ［J］. 测绘通报，2005（8）：11.

［50］ 张雪松，张友安，邓敏 . AutoCAD 环境中组织 GIS 数据的方法 ［J］. 测绘通报，2003（11）：45 – 48.

［51］ 高洪俊 . AutoCAD 图形数据向 ARCGIS 转换关键技术的研究 ［J］. 城市勘测，2006（6）：24 – 25.

［52］ 路晓峰，姜刚 . GIS 与 CAD 数据转换的方法探讨 ［J］. 测绘技术装备，2006（4）：20 – 22.

［53］ 陈年松 . 基于 FME 的 CAD 与 GIS 数据共享研究 ［D］. 南京：南京师范大学地理科学学院，2008.

［54］ 姜作勤，李友枝 . 野外地质数据采集信息化的现状与特点 ［J］. 中国地质，2001：28（6）：1 – 5.

［55］ RYBURN R J，BLEWETT R L. Structuring BMR′s geoscientific databases for GIS and automated cartography ［C］// 11th AustralianGeological Convention. Geological Society of Australia，1992.

［56］ HAZELL M，Richard S B. Accurate and Efficient Capturing of Field Data for Integration into a GIS – a Digital FieldNotepad System ［C］// Forum Proceedings of Third NationalForum on GIS in the Geosciences. AGSO RECORD，1997.

［57］ STRUIK L C，ATRENS A，HAYNES A. Hand – held computer as afield notebook and its integration with the Ontario GeologicalSurvey′s Fieldlog program ［R］. Current Research，Part A. Geological Survey of Canada，1991.

［58］ BRODARIC B. Field data capture and manipulation using GSCFieldlogv3. 0 ［C］// Digital Mapping

Techniques'97 - USGS Open - File Report 97 - 269 [C]. United States Geological Survey, 1997.

［59］ ANDREAS P B, HeinoKronenberg, Martin Mazurek, et al. FieldBook and GeoDatabase: Tools for field data acquisitionand analysis [J]. Computers & Geosciences, 1999, 25 (10): 1101 - 1111.

［60］ BRODARIC B. Digital Geological Knowledge: From the Fieldto the Map to the Internet [C] // Digital Mapping Techniques'00 - Workshop Proceedings USGS Open - File Report 00 - 325. United States Geological Survey, 2000.

［61］ BRODARIC B. The Design of GSC FieldLog: ontology - based software for computer aided geological field mapping [J]. Computers & Geoscience, 2004, 30 (1): 5 - 20.

［62］ BROOME J, BRODARIC B, Viljoen D, et al. The NATMAP digitalgeosciences datamangement system [J]. Computers & Geosciences, 1993, 19 (10): 1501 - 1516.

［63］ ROY C. Quebec Geomining Information System (SIGEOM): Field Data Capture Module [C] // Digital MappingTechniques'01 - Workshop Proceedings USGS OpenFile Report 01 - 223. United States Geological Survey, 2001.

［64］ JOHN H K. Digital mapping systems for field data collection [C] // Digital Mapping Techniques'00 - Workshop Proceedings: USGS Open - file Report 00 - 325. United States Geological Survey, 2000.

［65］ DAVID R S, THOMAS M B. The National Geologic MapDatabase: A Progress Report [C] // Digital Mapping Techniques'01 - Workshop Proceedings: USGS Open - file Report 01 - 223. United States Geological Survey, 2001.

［66］ GEORGE H B, ABEL V. GeoMapperprogram for Paperless Field Mapping with Seamless Map Production in ESRI ArcMap and Geologger for Drill - Hole DataCapture: Applications in Geology, Astronomy, EnvironmentalRemediation, and Raised - Relief Models ［C］ // Digital MappingTechniques'02 - Workshop Proceedings, USGS Open - File Report 02 - 370. United States Geological Survey, 2002.

［67］ GEORGE H B, ABEL V. Removing science workflow barries to adoption of digital geological mapping by usingthe GeoMapper Universal Program and Visual User Interface [C] // Digital mapping techniques'01 - Workshop ProceedingsUSGS Open - File Report 01 - 223. United States Geological Survey, 2001.

［68］ RICHARD K, ROBERT M, MIKE S, et al. Use of Smartphone Technology for Small - Scale Silviculture: ATest of Low - Cost Technology in Eastern Ontario [J]. Smallscale Forestry, 2014, 13 (1): 101 - 115.